自卑与超越

[奥] 阿尔弗雷德·阿德勒 / 著
赵晶晶 / 译

江苏凤凰科学技术出版社 · 南京

图书在版编目（CIP）数据

自卑与超越 / (奥) 阿尔弗雷德 · 阿德勒著 ; 赵晶晶译 . — 南京 : 江苏凤凰科学技术出版社 , 2019.3（2023.9 重印）

ISBN 978-7-5537-9930-8

Ⅰ . ①自… Ⅱ . ①阿… ②赵… Ⅲ . ①个性心理学 Ⅳ . ① B848

中国版本图书馆 CIP 数据核字 (2018) 第 290301 号

自卑与超越

著　　者	[奥]阿尔弗雷德 · 阿德勒
译　　者	赵晶晶
责任编辑	祝　萍
责任校对	仲　敏
责任监制	方　晨
出版发行	江苏凤凰科学技术出版社
出版社地址	南京市湖南路 1 号 A 楼，邮编：210009
出版社网址	http://www.pspress.cn
印　　刷	天津丰富彩艺印刷有限公司
开　　本	880 mm × 1 230 mm　1/32
印　　张	8
字　　数	217 000
版　　次	2019年3月第1版
印　　次	2023年9月第5次印刷
标准书号	ISBN 978-7-5537-9930-8
定　　价	38.00元

译者序

阿尔弗雷德·阿德勒是奥地利心理学家、个体心理学创始人、人本主义心理学先驱、现代自我心理学之父。人们将阿德勒、弗洛伊德、荣格并称为心理学三大奠基人。《自卑与超越》是阿德勒晚年的作品，英文书名叫 *What Life Chould Mean To You*。在阿德勒的诸多作品中，《自卑与超越》最为读者们所青睐。

我是带着问题来读这本书的。

一是古今中外，心理学专著何其多，为何这本书能如此受读者们青睐?

对于广大读者而言，许多心理学家的著作未免艰涩难懂，让人望而却步。但阿德勒就像一位长者，用通俗易懂、简明生动的语言，将心理学知识和具体案例结合起来，从探寻人生的意义出发，阐述了自卑是如何产生的，又该如何克服，启迪人们去理解生命真实的意义。读一本让人不感觉累的心理学著作，懂得些道理，受到些启迪，我们又何乐而不为？

二是全书主要内容是什么？

《自卑与超越》全书共十二章，探讨了生命的意义、心灵和肉体的交互作用、自卑感与优越感、早期记忆、梦、家庭的影响、学校的影响、青春期、犯罪及其预防、职业问题、个体和社会、爱情与婚姻这十二个方面的内容。

三是既然人人都有自卑情结，那我们该如何正确面对自卑这个问题呢？

阿德勒认为，每个人都有不同程度的自卑感，因为我们难免会有力不能及的时候。自卑感并非只有坏处，它还是促使人们改善自身处境的动力，也是个体趋向于优越的原动力。没有人能长期承受自卑感，必须找到合理的解决办法才行。要明白优越感是弥补自卑感的一种方法。人们一旦确立了优越感目标，便不会在生活方式上犯错误了。个体的行为习惯不管正确与否，都会与这个优越感目标一致，而这是无可厚非的。要避免因追求优越感而误入歧途，就要给自己定下有意义的目标。追求优越感是人类共同的目标，也是我们为社会做贡献的源泉。人类判断价值和成功的基础是合作，这是我们人类最伟大的共通之处。任何人都或多或少地存在着社会责任感。一个人，只要他以追求优越感为目标，同时具备高度的社会责任感时，便不会犯什么大错。

四是我们每个人都要面对的三大人生问题是什么？

阿德勒认为，职业、社交和两性是每个人都要面对的三大人生问题。这三大人生问题相互影响制约，并不是孤立存在的。其中一个问题得到解决会有助于另外两个问题得到解决。一是我们必须在社会环境下生存，因此我们需要找到合适的生存方式和职业；二是我们需要和周围的人有所联结，因此，我们需要明确我们在社群中的定位；三是我们必须和异性相处，因此需要在爱情和婚姻中与对方和谐合作，并彼此帮助。

五是阅读《自卑与超越》时，我们应该避免陷入哪些误读重灾区？

或许是因为书名的原因，许多人将这本书当成重塑自我的灵丹妙药或是“鸡汤”神文，这就未免有失偏颇了。书中也有些容易产生误读的重灾区，比如“奉献”“自卑”“解梦”“早期记忆”“后天努力而不是天生遗传”等。以“奉献”为例，人们往往倾向于“无私奉献”，将其理解为忽略个人因素不受任何约束的纯道德。但阿德勒所讲的“奉献”并非如此。阿德勒所讲的“奉献”是与“合作”联系起来的。他的“奉献”实际上是指“社会兴趣”，也可以理解为和社会的合作能力，融入社会的积极性，以及得到社会认可的程度等。他所讲的“奉献合作”甚至是有西方的“契约”精神在里面的。如在“爱情与婚姻”那一章中，他指出爱情和婚姻是平等合作的关系，他反复强调爱情或婚姻双方彼此“平等”的重要性，并将打破这种平等的行为视为“缺乏奉献合作能力”的表现。“鸡汤”中的奉献概念里可是没有这一点的。

总的说来，这真是一本值得一读再读的好书。我在翻译过程中的收获也完全超越了上述几个问题的解决。阿德勒所提倡的生活意义即便是到了今天仍然有着非常积极的影响。自卑能引人走向泥淖，也能引人走向坦途，关键看我们怎样选择。就让阿德勒的这本书将我们引向人生的坦途吧。

目录

第一章　生命的意义

人生的意义

人类生活的世界是丰富多彩的，我们无法经历抽象的事物，而需要从人类的角度来体验，并由此形成了最初的经验。如“木头”的定义，就与人类行为有关。再如“石头”的定义，是与人类生活息息相关的。任何试图抛开“意义”来探讨环境的人都必将会如此不幸，表现为：孤立自己、脱离同类。这种行为于人于己都是没有益处的。总体而言，人是无法脱离现实生活的本义而存在的，自我封闭是毫无意义的行为。人在体验现实时，应将现实提升到人生与生存的高度，并在此基础上解读现实的意义和价值，而不是局限在事物上。但是这种体验的意义未免存在遗憾和缺陷，且无法保证永远正确。因为，这个看似饱含深意的世界的一大特征就是充满了各种谬误和荒诞。

如果我们询问某个人：“人生的意义是什么？”他们很可能无法回答。因为，这个世界上，多数人是不愿意自寻烦恼，更不愿意探寻上述那个问题的本源的。但毋庸置疑的是，这个问题一直存在，相伴人左右，从古至今，从未改变过。时至今日，年轻人、年长的人也不例外，偶尔会追根究底：“人生究竟是为了什么？人生意味着什么？”问此类问题的人，年龄有长有幼。但客观而言，人们能提出此类问题，定是遇到了某种困难或挫折。相反，那些人生道路平坦的人、那些几乎没遭受过困难或挫折的人，绝大多数是不会提出这些问题的。但是，我们的人生历程又岂会总是一帆风顺？难免也会遇到这样那样的问题。这种情况下，我们必须直面应对。人们对人生做出解读，而这种解读似乎也影响着人的言行，除言论以外，人们的行动也是对“人生意义”做出的不同阐释。人们关于“人生意义”的阐释，往往与其言行举止、志向癖好、性格特征等表现一致。也就是说，先对世界和个人进行总结，然后暗暗贯穿于每个人的行为之中。“我是这样，宇宙是那样”就是思考得出的结果，是对自己和所理解的人生意义的一种判定。

就如前面所言，人们关于人生意义的理解未必就是正确的，芸芸众生中，关于人生意义的理解和阐释有无数种。没有人知道生活的绝对意义，也正因如此，任何一种能够有所裨益的解读都不能被判定为绝对错误。实际上，人生意义的全部内容正处于这两个极端之间。在这一区间中，有着各种不同的点位，我们可以分辨哪些是有效的，哪些是无效的；哪些存在大错误，哪些存在小错误。通过分辨，我们不难发现，好的解读都是大同小异的，而那些不尽如人意的解读大多难以掩盖其虚假的一面。如果能就此得出普遍标准和现实意义，将有助于揭示人类现实问题之谜。但也要牢记，从人类目的角度而言，分辨人生意义所获得的真理是相对的真理，而且不存在绝对的真理，即便是有，也肯定和人类无关。因为我们根本无从了解掌握绝对真理，所以它对人类而言，也没有现实意义。

人生的三大任务

每一个人都背负着三大约束而生，这是三个不容忽视的人生枷锁。这三种制约构成了人生与现实的内容，并且经常使人饱受困扰，迫使人做出应对处理，所以我们必须对之予以重视。我们可以从对这些问题的不同解答中，看出每个人对人生意义的解读。

第一种约束：我们必须生活于这个小小的星球（地球）上，别无他所可居。人类必须与地球上的各种资源共存，尽自己的最大能力来善待地球，同时也受它的制约。我们必须锻炼身体、发展心智，来延续我们在地球上的生命，确保人类的存续。这是我们不得不面对的问题，人人都面临这个问题的挑战。不管我们投入何种事情，皆是对人类生存现状做出的解答，从中我们可以得知哪些是必需的、适当的、可能的或是希望的。但无论做出的是何种解答，都必须考虑到一个事实——我们是人类的一员，人类生活在这个地球上。

这就好比我们面对一道数学题时不能妄加揣测，而是要全力以赴求解出答案一样，我们为了全人类的美好未来，也要对人生的问题重新做出回答，其中重要的是使观点既富有远见又相互关联。之所以要如此，是从人类自身的弱点及潜在危机考虑的。当然，我们的答案未必完美，但必须尽自己所能找到最佳答案。此外，无论什么答案都无法脱离一个事实，那就是我们生活在地球上，一切的利与不利都源于此。

第二种约束：我们每个人都是与周围的其他人相关联的，我们生活在人群中，与他人息息相关。独木难支，单一个体绝无可能与世隔绝地达成其目标。如若一个人孤单地生活，自己面对一切，最终只会走向灭亡。他非但无法继续自己的生活，还无法延续生命。正因为人类有共存的弱点、缺点及局限性，所以人总要和他人团结起来。我们如果想继续生存下去，想为人类及社会做出更大贡献，就必须与他人联合，谋求共同发展才行。要想探求人生答案就不得不考虑到这层制约，我们必须考虑到：我与他人是相互联系的，如果孤身一人，将无法继续生活下去。如果想延续自己的生命，我们就必须让自己的情感和这个问题的目标相适应。

第三种约束：人类由男、女两种性别构成。这同样是维系个人及社会所要考虑的问题。人类无法绕开爱情和婚姻问题，无论男女。面对问题时，我们该做的便是诠释这个问题。遇到问题时，我们能想出的解决方法多种多样，却总认为自己采用的方式才是最好的。

事实上，三大约束提出了三个问题：第一，既然我们的星球上的自然资源是有限的，那我们如何做才能使人类永远存在；第二，茫茫人海，我们该如何定位自己，才能实现与人合作、共同发展的目的；第三，我们该如何自我调整，以便适应“人类的两种性别”和“人类延续依赖于两性关系”的生存要求。

个体心理学发现人类的所有问题都可归于三类：职业、交际以及两性问题。通过审视面对这三类问题时的反应，人们就能够了解到他们自己对于生命意义的解读。例如，假设一个人完全没有爱情生活或遭受到挫折，而且工作平庸，不喜欢结交朋友，认为人际交往是一件令人感到痛苦的事，这致使他交往范围十分狭小，从他在现实生活中的自我定位及约束来看，似乎能得出这样的结论：“我为活着而活着，为了使自己免受伤害，保证平安无恙，所以要自我封闭，减少社会交往，这是首要选择。”看得出，他把活着视为一件艰难且危险的事情，最后导致在现实中接连不断的失败，而且生存机会越来越少。

不妨再假设一个完全相反的例子：一个人拥有亲密融洽的爱情生活，工作卓有成绩，朋友很多且交友广阔，无往不利。我们可以看出，这类人将活着视为创造的过程，于是他的生活中充满各类机遇，即便有困难出现，也带给他超凡的勇气，因为在他眼中，任何困难都是可以克服的。这个例子说明：生活就是对人的兴趣，就是成为整体中的一分子，将自己的力量贡献出来，谋求人类的福祉。

社会情感

在这里，我们可以发现，关于人生意义的解读不论正确与否，都能从中找到某些共同点。精神病患者、犯罪嫌疑人、酗酒者、问题少年、自杀者、堕落者、妓女等这类人容易失败，这是因为他们在处理职业、社交及两性问题时，从不寻求他人的帮助，失去了对社会生活的兴趣，并缺乏安全感。他们对于生命意义的理解是完全个人化的，即无人可由他人的成就中获益。他们所追求的成功，实际上也只是一种虚无的优越感，这种自我满足和陶醉，也只对他们自己有意义。

比如，手持武器的犯罪嫌疑人感到自己十分强势、无人能敌，很显然，他们是在用武器为自己壮胆。但对我们来说，武器并不能使此人的身价得到提高，犯罪嫌疑人的这种行径未免有些可笑。其实，自我意义是没有任何意义的。真正的意义是在人与人的交往中体现出来的，个人的意义没有任何用处。每个人都力争表现得与众不同，但如果没认识到自己的成功与卓越是建立在为他人做贡献的基础之上的，错误便不可避免了。关于人生理想、行为的道理与上述道理相同，唯一意义在于是否对他人具有存在意义。

有一个关于小宗教教派领袖的故事：一天，教主命令所有信徒聚集起来，说下周三是世界末日。信徒们信以为真，赶紧变卖家产，然后抛开所有世俗牵绊，在莫名的情绪中等待灾难降临。然而，星期三静静地过去了，与往常没有任何不同。一到星期四，信徒们就怒气冲冲地前来质问领袖了。信徒们说：“看看你愚弄我们到什么地步了！我们放弃了所有的生活保障，逢人便说星期三是世界末日，不在意别人轻蔑的眼光，反复强调这个消息是真实的。如今星期三过去了，世界还不是好好的？”教主——那个所谓的预言家，以个人理由搪塞别人的谴责，他狡辩道："可我说的星期三跟你们想的星期三根本不是一回事呀。"就这样，他用一个完全个人化的概念来保护自己免遭责难。因为个人化的概念是永远无法被验证的。

所有真实的"生命的意义"都有一个普遍性，那就是它们都具有普遍意义——能够为众人所分享，为他人所接受。日常生活中，人们可以看出发生之事具有的共性。大众口中的天才人数极少，但只有他们被大众认为与众不同时，他们才会被冠以"天才"的称号。由此可知，人生的意义是"为整体作出贡献"。在这里，我们并非只是说说而已，而是更看重结果。每个在困难面前不退缩的人，他的意识深处好像都明白人生的真谛是对他人产生兴趣并与他人合作。他们所做的任何一件事看起来都符合人类的群居本性，在遇到困难时，他们会努力寻找不损害他人的方式来加以解决。

如果我们说人生的意义在于贡献并与他人不断合作，也许有人会提出疑问。因为对于大多数人而言，这是一个全新理念。他们不禁会问："如果一个人总是以他人利益为重，总是为他人做贡献，那我们该有多严重的损失？我们该如何去做自己的事情？难道一部分人不应该为了自身发展而先考虑自身利益吗？我们保障别人的前提不应该是先保障自己吗？"

我相信，这种观点是一个巨大的谬误，这类问题也不能称之为问题。如果一个人以他对人生意义的认知和理想，再加上他全部的情感，奔着人生目标努力，他必然能沿着最能体现其人生价值的道路发展。同时，他还会为了实现人生目标而不断改变自我，逐渐形成社会使命感与责任感，并在实践中使这种情感渐趋成熟。人一旦确立人生目标，随之便会展开自我管理。唯有此时，他才会意识到该如何解决人生问题，才会使自身不断提升与发展。如在爱情和婚姻中，我们若想使对方感到幸福快乐，便会极力展现自我，将全部心思用到对方身上。反之，假如我们认为应该在一个纯粹的环境下发展自我人格，拒绝一切有利于他人的动机，那么只会成为一个嚣张跋扈、令人生厌的家伙。

关于贡献与合作正是生命的真谛这一论断，还有另一个明证。我们仔细观察祖先给我们遗留下来的东西，会有什么发现呢？那些都是祖先对人类所做出的贡献。除了我们有目共睹的有形资产——土地、道路、建筑，还有许多无形资产，那就是他们以哲学、科学、艺术的形式所做的生活经验总结，以及传承给我们的各种生活技能。所有这一切，都是那些对人类有贡献的人留给我们的。

其他人都到哪里去了？那些从不合作，为生命赋予了其他意义，只会问“我能从生命中得到什么”的人，在他们身上发生了什么？终究不过是灰飞烟灭，了无痕迹。他们不但肉体已然消逝，而且在人生价值方面也没有任何体现。对于那些自认为从不需要与他人合作的人而言，就好像地球早就对他们有所安排，并对他们进行终极宣判：“你一无是处，在这里，你的憧憬、你的努力、你所崇尚的价值观以及你的思想灵魂都没什么用处。人类不需要你，任何东西都不需要你。你不配活着，没有人愿意你在这里，你滚蛋吧！快点去死，从这里消失！”在现代文明中这种自我观念已有所淡化，但我们还是会找出许多欠缺之处，所以也必须以为人类谋取更多福利为前提，去继续改变它。

千百年来，总有人能够明白这一事实，他们知道生命的意义便是关注人类整体，他们愿意努力促进社会进步与爱的增长。个体心理学从科学角度得出了同样的结论，同时还期望能够以科学的方式来达到目的。我相信，这是一个进步。科学在提高人们对人类的贡献方面会起到更大的作用，这种作用是其他方法所不及的。应该看到，我们着手的角度不同，但目的是一致的：为人类做出更大更有益的贡献。

我们关于人生利益的理解似乎已然成型：它不是我们的福神，便是催命鬼。因此，我们亟须了解人生意义形成的原因及划分依据，并及时纠正错误方法。这正是心理学要做的事情，是它有别于生理学和生物学的地方，它让我们得以理解各种不同的“意义”，知晓它们是如何影响人们的行为乃至命运的。

童年对人生的影响

我们从出生的那一刻起，就已经能够展现出人类对于“生命的意义”的探索了。即便是婴儿，也会努力去判断自己所拥有的力量以及在所处生活环境中的地位。儿童在自身发展的前五年时间里，已然形成一套固定的行为模式，即他们用什么方式和方法对待一切事情。此时，他们已经对自身及社会所向往的发展模式有了深层次的概念。这之后，他们会用自己关于社会及自身的看法来关注整个世界。因为，一切经验都得经过解读后才会被接受，这样也便赋予了他们生活的意义。

对于孩子来说，即便他们对人生意义的认知已经脱离正轨，即便他们采取的处理方式带来接二连三的错误，他们还是不会轻易放弃它。要纠正我们观念中对于生命意义的误读，唯有重新审视造成这一错误认知的环境。有时，犯错会带来严重的后果，这迫使他们改变自身对人生的认识，然后完善自我。但如果不存在任何压力，他们便不会意识到其中有谬误，仍会深陷于错误中，以致引发不可收拾的后果。通常来说，人们要调整其生活方式，最有效的方法是借助于训练有素的心理学家的帮助，因为他能够了解这些意义，可以帮助我们寻找到引发错误的根源，并提供一个更为恰当的生命意义。

人们对童年时期的情境有多重解读方法，对不同的个体来说，童年的不愉快经历可能会被赋予大相径庭的含义，并由此导出对于生命意义截然不同的解读。如有的孩子童年生活并不快乐，他会竭尽所能找到摆脱此种困境的方法。由此，有人会想："我们必须努力改变这样不幸的状态，确保我们的孩子能够在好一些的环境下成长。"而另一个人也许就觉得："生命太不公平了！其他人总是那么幸运。既然老天这样对待我，我何苦要对这个世界好？"也许，有的父母会这样告诫孩子："我童年是从苦日子里过来的，你为什么就一点苦都不能吃呢？"有人却认为："我有个不幸的童年，所以现在什么样我都无可厚非。"从上面的事例中我们可以发现，人们对人生的理解表现在其行为中，如果不改变自身思想，其行为也自然不会发生改变。

经验本身无法决定成败，这是个体心理学有别于决定论的地方。一个人的经历虽然不会决定其一生的命运，但会对人的命运产生影响。如果将某种特殊经历作为自己未来人生的基础，那么，我们势必会受到误导。生命的意义不为环境所决定，但我们可以通过赋予环境的含义来决定自己的人生。

身体缺陷

然而，童年期的某些境遇常常会导致对生命的错误解读，并让这种错误认识延续下去。除了上述人员，也包括那些在婴幼儿时期患病的孩子以及存在身体缺陷的孩子。他们经受了太多苦楚，以至于很难感受到为社会做贡献即是生命的全部意义。除非让与他有相似经历的人对他进行引导，才会使他们学会关注他人，否则他们一生都会以自我为中心。他们常常会因为受到周围人嘲笑、排挤或同情而更加自卑。在这种环境下成长起来的孩子很可能变得孤僻内向，且不认为自己能为社会做出任何贡献，觉得遭到了整个世界的羞辱。

身体缺陷或内分泌异常都会给儿童生活带来困难，我想我是首个对此领域加以研究的人。虽然科学在这一分支上已经有了巨大的进步，但若是继续沿着固有道路走下去的话，我很难看出它还能有怎样的发展。我一直试图寻找到克服这种困难的方法，而不是让他们归咎为自身身体缺陷或内分泌异常。身体缺陷不能迫使人的心理朝着错误的方向发展，而内分泌异常对儿童产生的作用也不尽相同。我们常看到的一种现象是，那些儿童在克服困难的同时，也被激发出巨大的潜能来。

由此可知，个体心理学所宣扬的并不是优生学理论。许多杰出的人物天生就有着某种生理缺陷，却为我们的文明做出了巨大的贡献，他们中许多人一直饱受病痛困扰，甚至英年早逝。人类许多伟大的发明正是这些人创造出来的。他们坚强奋斗，执着于常人无法完成的事业，理所当然会取得成就。仅仅凭借观察人的肉体，我们无从判断人的心灵发展方向好坏与否。然而，到目前为止，大部分身有残疾或患有内分泌类疾病的孩子还都没能得到正确的培养。没人可以理解这类儿童的痛苦，以致他们变得越来越自我。由此，我们便明了那些有先天缺陷的儿童大多为失败者的原因了，是因为他们通常过于关注自身缺陷，从而给自己带来无形的压力。

溺爱

常常会导致儿童误解生命意义的第二种情况，便是溺爱。蜜罐里长大的孩子会觉得自己的意愿就是金科玉律，一定要得到满足。自己不用争取便可以得到一切。他们认为自己天生便拥有某种权力，是无人可及的。他们无法忍受自己不再是众人的焦点，无法忍受自己的位置被他人取代，他觉得周围的人都亏欠了他。他们已经习惯了只索取不付出，根本不懂如何应对生活中的问题。因为一直处于他人的关照之下，他们已然失去了自力更生的能力，从不知道自己能做些什么。他们的脑子里除了自己，别无他物，根本不懂得与人相处、合作的益处。一旦遇到困难，他们唯一能想到的就是要求他人的帮助。曾经的宠儿打心底里坚信，只要能夺回众星拱月的地位，就能迫使其他人认识到他们是与众不同的，并且他们的一切愿望都应该得到满足。唯有如此，他们的境遇才会越来越好。

深受溺爱的孩子长大后成为危险人群的可能性较大。他们中的一些人甚至会恩将仇报，表面上是一副媚态，暗中却寻找机会攻击他人。要想让他像常人那样与他人合作，他要么不服从，要么公然反抗。当他们无法再轻易找到一直以来所习惯的关怀与纵容时，便会觉得遭到了背叛，认为整个社会都在与自己为敌，于是开始试图报复他人。如果他们的处理方式不被他人认可，他们便会认为自己受到了虐待，但别人的“惩罚”根本不起任何作用。他们只会这样想：所有人都在跟我作对。这样的孩子，无论是对别人的反抗，还是对别人的善意，通通认为是恶意的，这说明他们错误地解读了人生。有些人不同时期采取的方法有所不同，可思想却没什么改观：在他们的心目中，生命的意义就是成为“第一”，被视作最重要的人物，可以予取予求。他们如果一直秉持这样的人生态度，那便不会有正确的方法。

忽视

第三种容易形成错误人生观的是被忽视的儿童。这类儿童的人生同样容易偏离正确的轨道。这类孩子根本不懂关心与互助的概念，因为他们脑海中从未有过这样的词。我们不难想象，当他们遭遇生活不悦时，通常会高估问题的难度，而不会去寻求他人的帮助。当他们遭遇社会冷漠的一面时，便会认定整个社会都是冷漠的。他们定然不会想到，其实帮助别人做一些事情便可以赢得尊敬和喜爱。因此，他们只能就这样抱着对他人怀疑的态度生活，甚至无法相信自己。

实际上，任何经验都是无法和情感相比的。作为父母，最重要的职责便是让孩子在生命之初便体会到信任“他人”的价值。之后，母亲要引导孩子扩大这种情感的范围，直至周围的每件事物。如果做母亲的未能完成这项任务，也就无法使孩子对周边事物产生兴趣，并形成合作和互助的情感，那么孩子就很难关注社会，也很难树立与人合作的意识了。每个人天生都有跟他人合作的能力，但这项能力必须经过后天的培养和练习才能得以无碍发展。

我们研究一些被忽视、仇视或不受欢迎的儿童的极端案例，就有可能发现这类孩子没有与人合作的意识，就如同与世隔绝一样，不能好好地与人沟通，更不懂得互助互爱。就如此前所说，这样的人生是毫无意义的。事实告诉我们，一个孩子能够顺利度过婴儿时期，就证明他已经得到了一定的关爱和照顾。所以，我们暂且不管那些完全被忽视的孩子，接下来就说说那些常常被人忽视和只是某些方面被人忽视的孩子。总之，事实证明，被人忽视的孩子对人根本没有依赖感。我感到异常悲哀，可悲的是，在我们的文明里，如此多的孤儿或弃儿都经历着失败的人生，因为这类孩子为人所忽视的概率更大。

从上文可知，有身体缺陷、备受溺爱及被人忽视的孩子极容易被误导，常常会形成错误的人生观。生活在这些环境下的儿童几乎总是需要外在的帮助，方能修正他们面对问题时的行为方式，唯有依赖帮助，他们才能寻找到一种对于生命的更好理解。如果我们给予了他们帮助，便会在他们做的每件事中看出他们对人生意义的解读。

最初的记忆与梦境

相关研究表明，做梦与想象十分有用，因为人处于睡梦中与清醒时的性格是一样的，梦境中，来自社会的压力相对较小，也无须那么多的戒备与隐藏，个性得以更多的释放。但如果我们想了解自己关于人生意义的认识，最有力的帮手便是我们的记忆库了。每一份记忆，哪怕是被自己视为微不足道的琐事，都很重要。因为，从记忆角度而言，我们可以做出这样的解读——这正是记忆在提醒我们某件事情是应该被记住的。记忆告诉我们，“这就是你希望的事情”“这就是你逃避的事情”抑或“你的人生就是这样”。存留于脑海中的记忆会凝结成我们的生活经验，记忆让我们通过这些经验找到人生意义之所在。所以，我们的每段记忆都是不可或缺的。

早期记忆能帮助我们了解个体生命的特有方法始于何时，此外，在揭示个体是在怎样的环境中形成对于生命的态度这一问题上也有着十分重要的作用，由此可见早期记忆的重要性。原因有两个。首先，它储存了个人对于自我及环境最初的基本判断。早期记忆是儿童关于自己与周围环境的最初印象，这是他们首次综合审视自己的外貌、他人的评价及态度；其次，这是儿童首次有了主观观点，也是其人生记录的开始。所以，从早期记忆中，我们能发现个体关于自身地位的认知：是处于弱势地位或不安全的，还是处于强势地位或安全的，以及两种地位间的区别。儿童的最初记忆是否为其记忆中的第一件事，抑或儿童记忆里的事是否真实发生过，心理学家认为根本不重要。心理学家认为重要的是，儿童的记忆对未来生活有多大影响。

下面让我们看几个有关最初记忆的例子，从而观察早期记忆对个人以后的人生意义定位有何种影响。如果一个女孩在提到她的最初记忆时，脸上呈现出无奈而悲哀的表情，说道："咖啡壶从桌子上掉落下来，烫伤了我。"那你就无须讶异于她在此后的人生中总是夸大危险和困难的程度，更不必讶异于她总是认为别人不够关心她。毕竟曾有人粗枝大叶地将一个小孩子丢在一旁，让她陷入这样的危险之中。

有个人对世界的类似印象来自另一份最初记忆。他说："我三岁时，曾经从婴儿车上掉落下来。"后来，这个人经常做同一个梦："世界末日就要来了，我半夜惊醒时，看到天空火一样的颜色。星星纷纷陨落，地球撞到了另外一个星球。就在地球将要毁灭时，我醒了。"这名患者还是一位学生，当被问到是否害怕什么时，他回答："我害怕无法拥有一个成功的人生。"很显然，早期记忆与噩梦的涌现，使得他对生活越加失望，极其害怕失败与灾难发生。

有个男孩患有遗尿症，而且常常和妈妈争吵，所以他在 12 岁那年，被带到我的诊所医治。他儿时的记忆中有这样一段经历：“妈妈以为我走丢了，冲到街上大声叫我的名字，她吓坏了。但我从头到尾都躲在家里的碗橱里。”于是，他记忆中便有了这样的印象：想引起别人的注意，就要制造一些麻烦。别人忽视我的时候，我可以通过欺骗别人来得到重视。遗尿症使他成了众人关心和关注的对象，他母亲的焦虑与担心使他更认同自己的观点。

从上述这个例子可以看出，这名男孩早早得到了“外面的世界充满了危险”这样有关生命的印象，并且得出了结论，只有让别人担心他才会有安全感。他一直认为这是最可靠的办法，在需要时，只要使出这个办法就会得到别人的呵护。

下面是一名 35 岁女子的最初记忆：“那时我正一个人站在黑漆漆的楼梯上，某个只比我大一点点的表哥打开门，跑下来追我。我被他吓坏了。”从这段记忆中，我们可以看出，她不喜欢与其他孩子一起玩，也不喜欢与异性相处。我猜她是个独生女，事实果然如此。她到现在还单身呢。

而下面这个例子则展现了一种发展得较好的社会情感：“我记得妈妈让我推小妹妹的婴儿车。”我们从这个事例可以看出：她跟比自己弱小的人在一起时才觉得轻松，而且对母亲有一种依赖感。最好的家庭教育方式就是让年龄稍大一些的孩子照看自己的弟弟妹妹，这样既能培养他的合作精神，使他对家庭新成员产生兴趣，还能为家庭承担部分责任。如果大孩子们愿意帮助父母，他们就不会觉得新生婴儿抢走了原本属于自己的关怀与重视，不会心怀怨恨。

喜欢和他人相处，并不意味着就对他人感兴趣。在被问到最初的记忆时，有一个女孩这样回答："我在跟姐姐和另外两个女孩一起玩。"我们从中发现这是个喜欢群体合作的女孩子。讲到恐惧时，她说："我害怕被扔下。"此时，我们对她又有了新的认识：她是个独立性较差的女孩子。从这个案例中，我们得知这个女孩是为避免自己孤单才和他人相处的。

一旦找到并理解了一个人赋予生命的意义，我们就拥有了打开他性格大门的钥匙。人们常说性格是无法改变的，持有这种观点的人只不过是从未找到过那把正确的钥匙而已。就如我们见到的，要是找不到错误的根源，任何"治疗方法"都不会奏效，而唯一有效的方法便是培养他们的勇气及与人合作的精神。

学会并懂得合作的重要性

培养合作精神是我们对抗神经官能症倾向的唯一安全方法。因此，让孩子学会与人合作，并让孩子在日常生活或游戏中学会处理与同伴间的关系，都是极其重要的。无论阻碍了何种合作方式，产生的后果都不会好。比如说，被宠坏的孩子就只学会了关注自己，即便到了学校，对他人漠不关心的情况也不会改变。功课对于他们的吸引力只在于能够借此赢得老师的偏爱。他们只听得进去那些对自己有利的东西。随着年龄的增长，他们缺少合作精神的不良后果定会越来越明显。这样的孩子在初次误读人生的意义时，便不会形成自身的责任感和独立性。事到如今，他们毫无应对生命中的考验与困境的能力，满心痛苦。

我们不能因为幼年时的错误去苛责成年人，这正如我们不能让一个从未受过正规合作训练的人去灵活应对需要和他人合作才能解决的问题，正如不能让一个对地理知识一窍不通的人去参加地理考试一样。为此，当儿童犯下错误时，我们一定要帮助他们纠正错误。要想解决人生中遇到的各种问题，一定要有合作的精神，在促进人类发展的前提下，做事情要为社会谋福祉。个人只有真正理解了这一点，才能充满勇气地直面自己的难题，才更有机会获得成功。

如果家长、老师及心理学家能熟知孩子在人生意义的认知上所犯的错误，并令他们避免重犯这些错误，我们就有理由相信，那些社会情感欠缺的孩子终将会认识到自身的能力及人生的机遇。他们面对困难时反复尝试；他们不会逃避、推卸责任抑或寻找不合常规的捷径；他们不会要求他人给予特殊照顾及帮助；他们不会觉得丢人或想要报复，抑或有“人生没有任何意义，我又能得到什么”这样的想法。他们定会认为：“我们必须对自己的生命负责。这是我们自己的使命，我们能做到。我们是自己行为的主宰。如果有什么需要除旧布新的，那也只有我们自己能够完成，无须他人。”如果每个人都抱有这种思想，都拥有自力更生和与人合作的精神，那就再也没有什么能够阻止人类文明前进的脚步了。

第二章　心灵与肉体的交互作用

心灵与肉体的联系和冲突

究竟是心灵支配身体还是身体支配心灵这个问题，人类一直没有定论。哲学家们也早已加入了这一论战，孰是孰非，各执一词。他们被分为唯心主义和唯物主义两派，就这个问题进行了数以千次的辩论，仍然众说纷纭，莫衷一是。至今这个问题看起来还是那么棘手，悬而未决。个体心理学或许可以提供某些帮助。因为，在个体心理学中，我们真正关心的是心灵与身体的日常交互影响。亟待治疗的患者都有肉体和心灵，如果我们治疗措施的理论基础是错误的，那我们便无法帮助到他。因此，我们的理论一定要以实际经验为后盾，并且这种经验要能经受得住实践的考验。我们需要找到两者间的关系，并要寻找正确的切入点。

个体心理学使这个问题变得简单化了，它不再仅仅是个简单的“非此即彼”的问题了。肉体和心灵是人一生中的两种表现形式，两者缺一不可。我们从整体来了解肉体与心灵之间的关系。生命在于运动，但并不只是锻炼身体，因为运动背后还有另外一个重要因素。种子在土里生根发芽后，就固定在一个特定的位置上，不能轻易移动了。所以，当我们发现原来植物同样具有一种或几种精神时，定然会十分惊讶。假如植物能预知未来，可这对它没有什么用处。比如说，一株植物想到“有人要来了，他马上就要踩到我了，我就要被踩断了”，可是它又能怎么办呢？作为植物，它终究无法转身逃开。

然而，一切能动的动物，都能预知它们的未来，并谋划它们行动的方向。人能预测各种事物并将预测结果用于确定事物的发展方向上。这就告诉我们，人是有心灵的。

你自然想好了，不然你不会这么做的。

——《哈姆雷特》第三幕第四场

预知行动的方向是心灵最重要的功用。

但是，能证明长有两条腿的人类具有心灵或灵魂的，是人能预测各种事物并将预测结果用于确定事物的发展方向上。我们了解了这些，便会明了心灵对肉体的支配关系了，即心灵为肉体制定了动作目标。但我们终究要有固定的目标，如果没有努力目标，只是在不同时期激发起散乱的动作，这是没什么用处的。因为心灵的功能在于决定动作的方向，所以它在生活中占据主宰地位。但是，肉体也反过来影响着心灵，因为动作的完成者是肉体。只有在身体因素许可的条件下，心灵才能支配肉体。例如，我们想登上月球，但必须借助高科技才能实现这个理想，否则就只能是空想。

人类的活动比其他任何生物都要多。这里指的不仅仅是活动方式（从人手做出的复杂动作就可以看出这一点），也指对环境的影响。因此，我们可以认为，人类心灵在预知未来的能力方面有了更高程度的发展，而且人类通过有目的的奋斗来提高自身在所处环境中的地位。

我们还能发现：除阶段性的目标和相应行动之外，在每一个人类个体的行动背后，都有一个包罗万象的单一行动。如果我们采取的一切行为都是为了寻求到安全感，就是克服所有困难并将自己从中解脱出来的安全感。针对这一目标，人的所有动作和表现都必须相互协调而且结合成一个整体。而为了达成最终的理想目标，心灵也不得不完善成长。

肉体也是如此，它也努力要成为一个整体。肉体在形成伊始便开始向着理想的状态发展了。例如，假如皮肤破损了，身体就会着手修复使其完好如初。但是，肉体并不是独自在发挥潜能，心灵也给予了肉体帮助。运动、训练以及一些卫生学知识的价值已经被证实了，这是肉体追求终极目标时心灵所提供的帮助。

人的一生，从始至终，心灵与肉体之间的合作就一直进行着，两者犹如一个整体，不可分割。心灵如同马达，调动它在身体中所能发掘的一切潜能，使其成为牢不可破的安全堡垒，而在身体的每一个行动、每一个表情和征兆中，我们都能看到心灵目标的印记。人的每个举动都有其特定的含义。他的眼、嘴，甚至每个表情都有特定的含义。这个含义是心灵所赋予的。那么，心理学（或精神科学）研究的到底是哪些问题呢？心理学的研究目的是探寻人类表情所代表的意义，并探求人类行为的终极目的，将这个目标与其他人的进行比较。

在努力实现获得安全感这个终极目标时，心灵会设立一些具体目标，心灵常常需要将目标具体化，也就是说，弄清楚哪里是“安全”的，如何才能到达。要丈量我们要走的路，以及走哪条路才更安全、更顺利。当然，总会有走岔路的时候，但若是没有明确的目标和方向，就根本不会有行动。如我们抬了抬手，那一定是我们心里有做这个动作的目标。事实上，我们心里做出的选择并不总是正确的，可即便选择是错误的，我们的头脑中也会错以为那个选择是最正确的，有时候，心灵选出的方向可能通往灾难。我们人人都寻求安全感，可安全到底在哪里呢？有些人选错了安全所在的方向，思想层面出现了误差，但他们固执地走下去，必将走入歧途。

我们看到一种行为或一种现象，却无法理解它背后的含义，那最好的办法就是，尽可能将其简化为一个单纯的行为。以偷盗为例，偷盗者会把他人的财物据为己有。首先，我们先看偷盗这种行为的目标：使自己变得富有，通过占有更多的财物来获得安全感。因此，偷盗这种行为是由于贫困或财物匮乏引起的。其次，我们要了解个体所处的环境，以及偷盗者在什么情况下会感到贫困。最后，我们做如下假设：如果偷盗者生活的环境有所改变，或者生活并不贫困，那他还会进行偷盗吗？我们无须指责偷盗者的终极目标，我们却可以指出：他在实现终极目标时选择了错误的途径。

情感的作用

所谓“文化”就是人类对周边环境所做的改变。文化的获得是人类灵魂激发肉体做出各种动作的结果。心灵启迪我们的工作，同时指引并辅助身体的成长。总之，人类行为是心灵有效作用的结果。然而，过度强调心灵的作用，并非我们的初衷。要想克服困难，身体健康是必不可少的。由此可见，心灵所要做的其实是控制环境，保护身体免于病痛、疾患、死亡、伤害、事故和功能损伤。

我们能感受快乐和痛苦，能天马行空地想象，能识别环境的优劣，这些都有利于我们达到目标。幻想和识别是预见未来的方法。不但如此，它们还能激起许多情感，使身体随之有所行动。个人情感很大程度上控制着肉体，可个人情感并不受制于肉体，主要是由个人目标及生活方式所决定的。

很明显，个体的生活方式并不是影响他们行为的唯一因素。如果没有其他协助，个人态度是无法导致行动的。要付诸行动，个人还需要进一步强化动机。在个体心理学的观点中有一个新的发现，即我们观察到了个人情感和生活方式是不相冲突的。一旦订立了目标，情感便会自我调整，以便与订立的目标相符。此时，我们谈论的已经超越了生理学和生物学的范畴了。情感的产生是不能用化学理论来阐释的，也不能用化学实验来预测的。在个体心理学理论中，我们先假设生理过程是存在的，但令我们更感兴趣的是心理目标。我们不太关注焦虑对交感神经和副交感神经的影响，我们所研究的是焦虑的目的及后果。

以此推断，焦虑既不会因为性压抑而生，也不会是可怕的出生经历的后遗症。这些解释不属于我们关注的范畴。我们知道，一个习惯有母亲陪伴、帮助和支持的孩子，很可能会把焦虑（无论他焦虑的根源是什么）当作控制母亲的有效武器。经验告诉我们，愤怒事实上是一种用于控制某个人或某种情形的工具，可我们不满足于描述他的愤怒。可以肯定的是，所有身体或心理方面的表现都是以天生材料为基础的，我们关注的是如何运用这些天生材料来实现既定目标。看起来这就是心理学研究的唯一正确方法。

在所有的个体中，我们都可以看到，情感的发展方向和既定目标是一致的。一个人焦虑或勇敢、快乐或悲伤都是与他所采用的生活方式相对应的，它们的表现方式和表现程度恰恰符合我们的期望。一个通过悲哀来达到优越感目标的人，是不可能因为实现了这个目标就感到快乐和满足的。只要稍加注意，我们便会注意到，个人的情感是可以根据需要呼之即来或挥之即去的。一个人群恐惧症患者在家里或处于支配地位时，是不会有焦虑感的。每个精神病患者都会避开生活中那些他们觉得无法掌控的部分。

情感与个人的生活方式一样固定不变。比如说，懦夫永远是胆小的，虽然他在弱者面前表现得傲慢自大，或者在别人的羽翼下显得勇猛万分。他可能在门上加三道锁，用防盗器和警犬保护自己，可他同时又坚称自己十分勇猛。也许我们无人去证实他的焦虑感，可他性格中的懦弱却在他不厌其烦的自我保护行为中表露无遗。

在性与爱的方面也有类似的证据。当一个人希望实现自己性欲方面的目标时，有关性的感觉就会油然而生。为了集中心思，他排除了与目标相矛盾的任务和兴趣，如此才能引发相应的情感和功能。缺乏相应的情感和功能时，如阳痿、早泄、性变态、性冷淡等症状便出现了，这是因为未能放弃不合时宜的工作或兴趣所引起的。这些异常行为通常是由错误的既定目标和错误的生活方式诱发的。在这类病例中，我们总能发现，患者只期望别人体贴自己，自己却从不体贴别人，他们缺少社会情感，也缺乏勇气和乐观精神。

我的一个患者，在家中排行老二，患有严重的愧疚症。他父亲与哥哥十分看重诚实的品质。这个男孩 7 岁时，有一次在学校里告诉老师，作业是他自己做的，可实际上那份作业是他哥哥帮他做的。这个男孩将他的罪恶感隐藏了三年。最后，他去见老师，坦承了这个糟糕的谎言。但老师只是一笑了之。接着，他又哭着去见父亲，第二次承认错误。他这次成功了。他父亲为他的诚实感到骄傲，不但夸奖了他，还安慰他。尽管得到了父亲的原谅，可男孩仍然很是沮丧。我们可以得出这种结论：这位男孩为了这样微不足道的过失而如此严厉地自责，其实是想要证明自己高度的诚实。他家庭中道德风气高尚，这使得他强烈希望成为道德模范。他认为自己在学习和社会吸引力方面不如哥哥，便希望通过自己的方式来获得优越感。

在后来的生活中，他对其他的方面也进行了自我谴责。他开始手淫，而且经常在考试中作弊。每次面临考试，他内心的愧疚感就会增加，备受折磨。由于过分敏感，他的心理负担比哥哥重得多。每次他想和哥哥并驾齐驱而无法做到时，便以此为借口。大学毕业后，他原本打算找份技术工作，但他的愧疚感越来越强烈，终日惶惶，整天都祈求上帝原谅。导致他根本没有时间工作。

后来，他的精神状态每况愈下，不得不被送进了一家精神病院，最初，被诊断为无可救药。但一段时间之后，他的病情大有起色，并可以出院了。在离开精神病院前，院方让他承诺，一旦旧病复发，必须回院接受治疗。出院后，他改为攻读艺术史。在考试将至的那个公休日他去了教堂，在大庭广众之下，跪地高呼："我是最大的罪人！"他以这种方式再次满足了自己敏感的心。

在医院又度过了一段日子之后，他回到了家中。有一天，他甚至赤身裸体地去吃午饭。他身形健美，在这点上，他其实是可以和他哥哥或者其他男人较量一下的。

愧疚感使他显得比别人更诚实，这就是他努力获取优越感的方式。但是，他挣扎着，步入了歧途。他逃避考试和工作，是怯懦和信心严重不足的表现。他的各种病症都是他有目的地避开所有可能的失败的举措。很显然，在教堂里的自我贬低也好，耸人听闻地走进餐厅也好，显然都是在以同样拙劣的方式来赢取优越感。他的生活方式要他做出这类行为，自然而然会产生这样的情感。

正如前文所述，在生命最初的四五年里，个体就已经奠定了自身心灵统一的基础，并建立起了身体与心灵之间的联系。这个时期，他利用遗传基因以及对周边环境的印象，来适应对优越感的追求。人在六岁以前，人格已经定型，人生意义、追求目标、处事态度、情感禀赋等也已经定型了。可等人长大后，上述因素或许会有所改变，这要求他首先摒弃幼年时期的错误思想，他的思想和行为是与他的生活认知相适应的，所以如果他改变自身想法，他的新想法与新行为就必须与新的生活认知相适应。

个体通过感官与所处的环境发生接触并接受刺激。因此，我们可以从一个人锻炼身体的方式，看出这个人从自身环境中获得怎样的印象，以及他是如何运用已有的经验的。我们通过观察和聆听的方式来了解一个人，从他关注和感兴趣的事物中去充分认识这个人。一个人的举动可以显示出他身体器官所受过的训练，以及他是如何运用这些器官来选择他要接受的印象。每个举动都自有其含义。这就是举动之所以如此重要的原因。

现在，可以加上我们对于心理学的定义了。探讨人与人之间的心灵何以存在如此大的差异。心理学主要研究的是身体对周边环境的感知以及所形成的态度。身体不能适应环境，无法满足自身对环境的要求，便会增加心灵负担。正因如此，所以天生残疾的儿童心智发展相对较为迟缓。他们的心灵也比较难以影响、指挥和控制身体，难以获得优越感。这类孩子若想像正常人一样生活，就需要更集中精力才行。因此，他们的心灵负担较重，更容易成为自私自利的人。一个孩子如果过于关注自身的缺陷以及行动障碍，自然而然就没有那么多的精力放在外部世界了。他们既没有时间也没有自由去关注其他的人与事，也自然缺乏良好的合作能力了。

生理缺陷会带来许多障碍，但这些障碍并不意味着无可变更的命运。身体有缺陷的人，如果精神上是积极进取的，那他便有勇气去克服困难了，他会和常人一样能取得巨大的成功。现实情况是，尽管存在着困难，有身体缺陷的孩子经常比正常的孩子取得的成就更多。身体缺陷成为激励他进步的一个因素。例如，有一个男孩，因为视力缺陷受到了非同一般的压力，于是更努力地集中精神想要看清楚，使出了比其他正常孩子更大的劲儿。他忙于看清物体，会更关注可见世界，更努力地分清所看到的事物的色彩和形状。最终，这个孩子对可见世界的体验，可能比那些无须费劲儿就能分辨得清事物细微差别的孩子要深刻得多。因此，克服了精神障碍，身体缺陷便不再是障碍了，甚至能成为一种优势。

据我所知，许多画家和诗人都饱受视觉障碍的困扰。经过心灵驾驭之后，突破了身体缺陷的障碍，他们的眼睛反而比常人的眼睛发挥了更大的作用。这种补偿现象也明显反映在左撇子孩子的身上。在家里，或在刚进入学校时，他们都被训练使用他们原本并不出色的右手。就这样，他们为原本并不具备优势的书写、绘画和手工做好了准备。如果在心灵的支配下，他们克服掉这些困难，右手就会变得和左手一样灵活了。事实确实如此。现实生活中，很多左撇子孩子通过学习，书法比惯用右手的孩子写得漂亮得多，绘画和手工方面也更有才能，更为纯熟。这是因为，他们探寻到了正确的方法，有动力将事情做好，再加上不断地练习，将劣势转化为了优势。

一个孩子要想通过后天的努力来弥补先天的缺陷，唯有希望为人类做贡献，不再只关注自身才行。如果他希望的只是克服困难，就难免会落后于他人。只有他眼前有了一个可供拼搏的目标，而且这个目标比挡在他眼前的困难更重要时，这个孩子才有可能打起精神来。

人们的兴趣和注意力指向何方，这是一个问题。如果他们努力争取身外之物，那么他们自然会训练自己，使自身具备获得它们的能力。而困难只不过是成功之路上必须克服的关卡而已。可如果他们过于关注自身缺陷，或者将目标仅仅定位于克服身体缺陷，那他们就无法取得真正的进步。要想把笨拙的右手训练得灵巧起来，凭空妄想和避免露怯都是不行的，只有通过训练，才能使那只笨拙的手变得更灵活起来。显然，这个目标比笨手笨脚带来的挫败感更有吸引力。一个孩子如果能集中精力克服困难，那他一定有一个需要全力以赴的目标，一个实际存在的、与他人相关的、需要合作才能完成的目标。

关于遗传特征及其可能发生的作用，我在研究有遗传性肾病的家庭时发现了一个好例子。这类家庭中的很多孩子患有遗尿症。他们有明显的器官缺陷，容易导致肾脏、膀胱患上疾病，或引发脊椎分裂，而且他们腰部的痣和胎记通常显示出其相应腰椎的节段病变。但是，器官缺陷本身并不足以造成遗尿症。孩子并不完全受器官控制，他可以自己控制器官。例如，有些孩子夜间会尿床，可白天却不会尿裤子。有时，遗尿症会随着环境的改变或父母态度的转变而消失。如果患有遗尿症的孩子没有智力障碍，如果不是有意为之，那么遗尿是可以克服的。

遗憾的是，大部分遭遇遗尿问题的孩子都接受了错误的刺激，不愿意克服困难，所以很难改掉这个毛病。有经验的母亲能给予孩子以正确的指导，但经验不足的母亲往往不知道该怎么做，使孩子这种毛病仍然持续下去。患有泌尿系统疾病的家庭成员在家庭中，通常会过度强调与小便相关的字眼。母亲不该想尽办法去阻止孩子尿床。如果孩子意识到别人总是关注他的这个行为时，很可能会产生抗拒心理，把这种行为当作反抗这种教育的绝好机会。而这些反抗父母处理方式的孩子，总是能够抓住父母最大的弱点来发起进攻。

据德国的一位著名社会学家统计：父母从事反犯罪工作的家庭中，孩子的犯罪比例高得惊人，如法官、警察或狱警的孩子。有很多的事例证明，教师的孩子通常学习并不优秀，医生的孩子往往容易产生精神问题，牧师的孩子很多成了少年犯。同样，如果父母在便溺问题上太过紧张，孩子就很有可能通过他们的遗尿来表达他们有自己的意愿。

在显示梦是如何引发适当的情绪来配合我们想要做的事情这问题上而言，遗尿是一个很好的例子。尿床的孩子常常梦到他们起床去了厕所。通过这种方式，从自己的负疚感中解脱。遗尿症患者想达到的目的通常是吸引他人的注意力，让别人顺从他，即便是在晚上，也要像白天那样关注他。有时，尿床是一种敌意的表示，孩子尿床是为了激怒家长。无论从哪个角度而言，这种孩子不用嘴巴说话而是用膀胱说话。生理上的问题只是为他们提供了一种表达意见的方式。

用这种方法来表达自我的孩子大都承受着某种压力。通常是被宠爱坏了，后又丧失唯我独尊地位的孩子。也许是由于另外一个小孩出生，他得不到母亲全部的关爱了。因此，尿床就成了他拉近和母亲关系的一种举动，尽管这是一种令人不快的方法。事实上，这是在说："我还没有你以为的那么大，我仍然需要被照顾呢。"

在不同环境下，或不同身体缺陷下，他们就会选择其他方式。例如，如果孩子选择声音作为武器，他们就会焦躁不安，晚上会号啕大哭；有些孩子会梦游、做噩梦、掉下床，或者是喊着要水喝。然而，上述表现的心理学解释是类似的。病症的表现上，一部分取决于身体状况，一部分取决于环境。

从以上事例中，我们可以看出心灵对肉体的影响。多数情况下，心灵不仅能影响人肉体的某些行为，而且能影响人的身体发育。现阶段，这个假设尚无直接证据，而且要找出这种证据是相当困难的。但有些迹象表明，如果一个男孩性格羞怯，那么他的羞怯就会反映到他的整体发展中。他不注重锻炼身体，或者说，他根本不在意自己的身体会发育成什么样子。所以，他从来不积极锻炼身体。即便看到外面有其他孩子在锻炼身体，他也对此也毫无兴趣。当那些喜欢锻炼的孩子在体形方面遥遥领先时，他却因为兴趣索然而落后于他人。那些喜欢锻炼的孩子性格自然比胆小的孩子开朗豪放。

从以上种种观察中我们有理由得出合理的结论：身体的状态和发展不仅受心灵影响，而且可以反映心灵缺陷。我们经常遇到由精神作用引发的身体不适，那是因为当事人尚未找到一种可以克服身体障碍的方法。例如，我们可以肯定的是，一个人在四五岁之前，内分泌系统本身是可以受到心灵影响的。孩子体内的腺体缺陷对孩子行为的影响是可以控制的，而外部环境、个人喜好及既定目标对孩子体内腺体的影响却是长久的。

另一个证据或许能更清晰地表明心灵对肉体的影响，因为它是一种大众更为熟悉的现象，导致的是短暂而非永久性的生理状况。情绪是人身体不同程度的表现。个体通常采用一些可见的形式来表达情绪，可能是某种态度，可能是某种表情，还可能是腿脚发抖。人体器官也有类似的变化。比如说，人们突然脸红或是变得面色苍白，他的血液循环便受到了影响。当一个人处于愤怒、焦虑、悲伤或其他任何情绪时，他的身体都会发出相应的信号。

肉体会说话，每个人的肉体都有自己的语言。恐惧时，有的人会颤抖，有的人会竖起汗毛，有的人会心跳加快，有的人会满头大汗、呼吸困难、声音沙哑、畏缩不前。有时人体的平衡也会受到影响，可能没有食欲或是呕吐。有些人的膀胱或性器官功能受到情绪的影响。有些孩子会在考试时产生性兴奋的感觉。众所周知，犯罪嫌疑人常会在犯罪后去找妓女或情人。在科学领域，一些心理学家宣称性和焦虑存在密切关联，而有些心理学家则认为性和焦虑间不存在关联。上述两类心理学家是依据自身经验提出各自观点的，对于某些人而言，性和焦虑之间是存在关联的，而对于其他人而言，性和焦虑之间就没有什么关联。

这些是不同类型个体所做出的反应。相关调查研究表明：这些反应一部分源于遗传因素，这类身体反应常常暗示着其整个家族的弱点及特质，因为同一个家族的其他成员也有可能存在着类似的身体反应。而最有趣的事情是观察心灵是如何通过情绪来激起某种身体状态的。例如，一个人遇到使他失控的事情，通常都希望尽快解决问题，而最好的办法似乎就是抨击或谴责他人。相应的，愤怒情绪会影响人体器官，它会把人体器官调动起来或对之施加额外压力。在愤怒情绪的作用下，有些人胃疼；有些人涨红了脸；有些人会血液循环紊乱，引发头痛。我们常会发现在偏头痛或习惯性头痛的背后，通常是因为盛怒或被羞辱。对于某些人来说，愤怒情绪还能导致三叉神经痛或癫痫性痉挛。

现阶段，我们尚未完全探究出心灵对身体的影响方式，或许我们永远也不会彻底了解它。心理紧张同时对自主神经系统和非自主神经系统发生作用。当出现紧张时，人便会有所行动。咬铅笔或吸烟能使人缓解紧张情绪。人的这些举动说明：目前的一些状况使他陷入了困境。在陌生人面前脸红、颤抖或手足无措，也是同样的道理。这些都是紧张情绪引发的后果。通过非自主神经系统，这种紧张感会传遍全身。然而，紧张情绪的表现并非总是如此明显。我们所谈的上述症状都是在情绪与身体反应关联明显的情况下出现的。

如果我们进一步研究便会发现，情绪的表达涉及身体的每一部分，这些身体表现是心灵和肉体相互作用的结果。审视心灵和肉体的关系是十分有必要的，因为二者是我们所关注的整体的一部分。

从这些证据中可以顺理成章地得出结论：生活方式及其相应

的情感特征会对身体产生持续影响。如果儿童很早便固定了自己的生活方式，我们便有足够的经验来预见他以后生活中的表现。勇敢者会把他的态度表现在体格上。他们的身体会与别人不同，往往会肌肉更加发达、举止更加大方。生活方式及情感特征对人身体的影响是非常大的。勇敢者的面部表情也异于常人，结果他的整个外形都和常人有所不同，甚至是骨骼构造也大不一样。

如今，我们很难否认心灵对大脑运作的影响。病理学的很多个案表明：因大脑左半球受损而失去读写能力的人，可以通过训练大脑其他部分来重新获得这些能力。有些中风患者，其大脑受损部分已经没有复原的可能，而大脑的其他部分可以承担起这部分的责任，弥补并承担起整个器官的功能，从而使大脑的功能得以完全恢复。这一点对于我们论证个体心理学教育应用的可能性是十分重要的。假设心灵能对大脑有如此大的影响，那大脑便不过是心灵的工具，虽然是最重要的工具，但也仅仅是工具罢了。那么，我们便有必要找到改善这一工具和促进这一工具发展的方法了。那些脑病患者都不愿受疾病的折磨，他们会训练大脑的其他部分，使大脑更加适应生活。

如果我们目标定位错误，心灵便不会与大脑形成良好合作，将无法成功地为大脑提供有益的影响，帮助其发展。基于这个理由，我们发现，很多缺少合作精神的孩子，在其长大成人后，其理解力与智力开发的程度也不足。成人的行为举止通常能反映出他四五岁时的生活认知，以及他们的人生观和世界观，从中找出他们合作中的障碍，并帮助他们纠正错误。在个体心理学中，我们已经迈出了这方面研究的第一步。

心理特征与生理特征

许多作者都已经指出，心灵和肉体间存在着一种永恒的关系，然而，尚未有人探寻两者之间的因果关系或连接的桥梁。比如德国精神病学家和心理学家克雷奇默（Kretschmer）认为，通过人的生理特征可以看出人的心灵特征，从而辨别该人属于何种类型。例如有着圆脸、短鼻子和肥胖趋向的矮胖型人，就像莎士比亚戏剧描述的那样：

> 愿我周围多肥胖之人，
> 他们肥头大耳，能吃能睡。
>
> ——《凯撒大帝》第一幕第二场

克雷奇默认为，这种生理特征和心灵特征有关，但他并没有解释清楚这种关联的原因是什么。在我们自己的社会里，人们能够接受这种相貌，不会因此而轻视这种相貌的人。拥有矮胖型相貌的人，也会觉得自己和常人没什么两样，他们心平气和、自信、有力气，哪怕需要干上一仗，他们也觉得自己完全没有问题。他们觉得没必要敌视别人，也不认为生活中充满敌意。一个心理学派将他们称为“外向者”，但没有给出任何解释。或许是因为他们没有因为自己的身体而感到苦恼吧。

在克雷奇默的描述中，另一个截然相反的类型是神经质型人。他们或孩子气，或长得高、鼻子长长的、脑袋尖尖的。这种人性格内向、不善言谈，一旦他们遭受心理困扰，就很可能变成精神分裂症患者。他们就像莎士比亚戏剧中的另外一种人：

> 那个卡西乌斯看上去饥饿消瘦，
>
> 他思虑过多，这种人很危险。
>
> ——《凯撒大帝》第一幕第二场

或许这类型的人受到身体缺陷的困扰，长大后容易变得自私、悲观而内向。他们想得到他人的关注，而一旦他们发现自己没有得到足够多的关注，便会怀恨在心，疑神疑鬼。尽管如此，克雷奇默也承认，很多人是混合类型的人，就算是矮胖型的人，也可能发展出属于神经质型人的心理特征。矮胖型的人也可能在外界环境压力下朝另外的方向发展，变得胆小而沮丧。这是因为，通过有系统的打击，我们或许能够将任何孩子变成神经质的人。

借助于长期的经验，我们便能从个体的各种表现中看出他的合作能力。人们一直在探求这类答案。我们已经认识到合作的重要性，也认识到如何在这混乱无序的生活中更好地找准方向。在重大历史变革面前，我们同样要认识到变革的必要性，并为实现这个目标而努力。由于这种努力纯粹是本能的，因此也很容易犯错。人们总是不喜欢那些具有明显身体特征的人，对容貌丑陋或身体畸形的人避之唯恐不及。不知为什么，人们通常觉得这些人是难以合作的。其实，人们的这种观点是错误的，他们的这种推断或许是由自己的失败合作经验得来的。现阶段，我们尚未找到与这类人合作的最好方法，他们的缺陷因此被放大，而他们本身也就成了大众迷信的牺牲品。

现在，我们进行总结。在人生的最初四五年里，儿童确立了他们的精神诉求，建立起心灵和肉体间的密切关系。他们形成了固定的生活方式，相应的情感特点及生理习性也随之产生。这种生活方式的形成或多或少地融入了合作精神，而正是靠着这些合作能力，我们学会了去理解和评价他人。举例来说，所有失败都有一个共同点，那就是缺乏合作能力。如今，我们可以给心理学重新下个定义：心理学是一门帮助个体了解自身合作缺陷的学科。由于心灵是一个整体，个体的生活方式会伴随其始终，个体的思想情感是与其生活方式一致的。如果我们看到某些人的情感出了问题，而且与某个人的福祉背道而驰，对此若仅仅是从转变其情感出发，那是无法取得成功的。因为，个人情感是生活方式的真实表达，只有改变了生活方式，才能从根本上改变不良情绪。

个体心理学在这里为教育和治疗提供了一个特殊的提示。我们绝不能就某一病症或某一现象进行单一的治疗，而是应该从生活方式的选择、人生经历的解读、外界环境的印象等多个层面入手，找出错误之处。这才是心理学真正要研究的东西。称职的心理学者并不是用针去扎孩子看他们能跳多高，也不是搔搔痒看他们笑得有多厉害。但有许多现代心理学家在做着类似的事情。事实上，他们这样做，只能证明一个人的心理状态是怎样的，最多也只能证明一个人的某种特定生活方式而已。

生活方式是心理学最恰当的研究对象，着眼于其他对象的心理学者们在很大程度上都偏向了生理学和生物学。例如，有些人研究外部刺激下的人体反应，有些人研究过度刺激对精神层面造成的负面影响，有些人研究遗传天赋对人类发展的作用。在个体心理学中，我们考虑的是精神本身，也就是完整的心灵，我们研究的是个体的世界观、人生目标、奋斗方向以及解决问题的方式。到目前为止，我们了解人类心理差异的最好办法还是对其合作能力的考察。

第三章　自卑感与优越感

自卑情结

众所周知，个体心理学的重大发现之一就是自卑情结，如今已广为人知。许多学派和学科分支的心理学家都采纳了这一概念，并将其应用在自己的实践中。但是，我并不确定他们是否真正理解这个术语或是否运用得当。举个例子，告诉患者他正蒙受自卑情结之害是没有任何益处的，这样做只会加重他的自卑感，却不能为之指出克服之道。我们必须帮助患者找出他们生活方式中感到气馁的地方，并在他们气馁的时候给予鼓励。

所有精神有疾患的人都有自卑情结。但我们不能据此就将精神病患者和其他患者区分开来。我们没法用这样的话来让他们变得勇敢："我知道你正遭受着自卑的折磨。"这样根本没办法帮他增加勇气，因为这无异于告诉一个患有头痛的人："我知道你有什么毛病，你患有头痛！"

有许多精神病患者在被问到是否自卑时，会摇着头说："没有。"甚至有些人会说："正好相反，我觉得我比周围的人都强！"我们不必提问，只需观察他们的行为就足够了，行为会将那些自欺欺人的、自我安慰的小花招暴露无遗，他们靠这些小花招来确认自己的重要性。例如，我们见到一个傲慢十足的人，就可以猜出这个人的想法："别人都瞧不起我，我必须表现一下，好让他们知道我是何等人物！"如果这个人说话时总是指指点点的，表情也很丰富，我们就可以猜出他的想法："我不加以强调，就显得我说话太没分量了！"我们不妨猜测，在任何一种凌驾于他人之上的举止背后都有一种急需隐藏的自卑感存在。这就好比个子不高的人，总要踮起脚尖走路，好显得个子高一点一样。就好比两个孩子比个子，那个害怕自己个子矮的孩子，会挺直身子站在那里，想尽力使自己看起来高一点。我们要是问他："你是不是觉得自己太矮了？"他必然不会承认这个事实的。

因此，我们很难假定一个带有强烈自卑感的个体会是个看起来柔顺、平静、自制并且和善的人。有自卑情结的表现是多种多样的，或许我们可以通过三个初次被带到动物园的孩子的故事来说明。

当这三个孩子被带到狮子笼前时，第一个孩子吓得躲到了妈妈身后，说道："我要回家。"第二个孩子虽然站在原地不动，但他吓得面色苍白，浑身发抖，嘴上却说："我一点也不怕它。"第三个孩子凶狠地瞪着狮子，问他的妈妈："我能向它吐唾沫吗？"实际上，这三个孩子都很害怕，只是表达害怕的方式不同罢了，这是由他们的生活方式决定的。

每个人都有不同程度的自卑感，因为我们难免会有力不能及的时候。如果我们总是保持勇敢，用直接、现实而有效的方法去改变生活，这种自卑感就会慢慢消除。没有人能长期承受自卑感，必须找到合理的解决办法才行。如果一个人丧失了信心，却意识不到只有付出努力才可以摆脱自身处境，他便会苦苦挣扎，来奢求摆脱自卑感，可他采取的方法都是徒劳的，没有什么效果。他的目标虽然是“凌驾于困难之上”，可他并不设法消除障碍，而是力图说服甚至强迫自己凭空产生优越感。与此同时，他拥有的自卑感仍然不断累积，这是因为使他感到自卑的处境没有改变，造成自卑的根源依然存在。他所走的每一步路都是在自欺欺人，而所有的问题都会堆积起来，越来越急迫，压力也随之越来越大。

如果我们只看他的行动，而不去探究他行动的内在意义，便会认为他这些行动是漫无目的的，毕竟他们给人的印象不像是在有计划地改善自己的处境。然而，只要意识到他和别人一样，都是想获得一种满足感，却对改善自身处境不抱任何希望，我们便能理解他的所有行为了。如果他觉得自己软弱，就会创造出一些能令自己感觉强壮的情境。他不是让自己变得更强大或更有适应能力，只是自认为很强大罢了。他自我愚弄的努力只能在某些部分获得成功。如果他觉得无法胜任工作时，就很可能成了家里的暴君，以此来寻求自我安慰，试图证明自己的威严还在。但是，无论怎么努力去欺骗自己，都不能真正消除他的自卑感。生活仍旧是老样子，自卑感也一如既往。久而久之，他潜藏在心底的自卑感就会形成一股暗流，我们称之为“自卑情结”。

至此，我们应该给“自卑情结”一个明确的定义。当个体遇到了超出自身适应程度和能力范围的问题，并且坚信其一定没有办法解决，这种情形下产生的情绪便叫自卑情绪。从这个定义不难看出，愤怒、泪水和歉意是一样的，都可能是“自卑情结”的表现之一。因为承受着自卑感带来的巨大压力，他们就想通过优越感来进行释放，但这些举动并不是为了解决问题。他们往往从一些乱七八糟的小事中寻求优越感，却将真正要解决的问题遮掩起来或避而不谈。他们试着限定自己的活动范围，苦心孤诣地避免失败，而不是追求成功。在困难面前，他们表现得犹豫不定、不知所措，甚至畏缩逃避。

广场恐惧症患者身上就表现出鲜明的自卑情绪。广场恐惧症患者有这样的念头：“我不能走得太远。我必须停留在熟悉的环境中，我要小心应付生活中的重重危机。”如果一个人一直有这种思想，就会把自己关在房间里，或者待在床上不肯下来了。处于困境中时，自杀是逃避困难的最彻底表现。此时，这个人面对所有的生活问题，都会变得无能为力、心灰意冷。如果将自杀视为一种谴责或报复的话，那么自杀的人同样是在争取一种优越感。自杀者总是将他们的死亡归咎于他人，他们仿佛在说：“我是所有人中最敏感、最脆弱的，你们还那么残忍地对待我。”

从某种程度上讲，所有的神经官能症患者都会限定自己的活动范围以及他们与世界的联系。他们努力避免生活中不可避免的三大问题，将自己安置在感觉能够掌控的情形下。就这样，他们为自己构筑起了一个狭小的空间，紧闭门窗，将微风、阳光和新鲜的空气都阻隔在门窗之外。根据自身经验，他们选择自吹自擂或发牢骚抱怨的生活方式，而至于选择哪种方式，取决于他们的教养，而这都是为了更有效地达到目的。有时，他们对一种方法不满意，便会尝试另外的方法。无论如何，他们的目标只有一个，那就是，无须费力改善环境便能获得优越感。

例如，受挫折的孩子如果发现眼泪是驾驭别人的好武器，那么他就可能变成一个爱哭的小孩，而爱哭的孩子长大成人后，有成为忧郁症患者的可能。我称眼泪和抱怨为“水性的力量”，因为它们可能成为干扰合作、奴役他人的最佳武器。爱哭的孩子与胆小的孩子、有负罪感的孩子一样，都将自卑情结表现得十分明显，他们承认自身弱点，也承认无力照顾自己，他们想要隐藏的，是对于支配地位的迷恋，是不惜一切代价凌驾于他人之上的欲望。相反，我们初见那些喜欢吹嘘的孩子，觉得他们表现出了优越感，但我们撇开他们所说的话，只观察他们的行动，很快就能发现他们所不承认的自卑感。

实际上，俄狄浦斯情结（恋母情结）只是精神病患者将自己关在狭小的、安全的“密室”里的一个特例。如果个体害怕在广阔世界中面对爱的问题，他便没法成功解决这一病症。如果他将自己的爱情行为局限在家庭范围里，那么发现其性欲对象也被限定在这个范围内就没什么可奇怪的了。由于缺乏安全感，他从不会对不熟悉的人产生兴趣。他已经习惯在自己的范围内掌控他人，害怕掌控不了这个范围以外的人。俄狄浦斯情结的患者多半是被母亲溺爱坏了的孩子，他们被宠得以为自己的愿望就是法律。他们从不知道可以通过自己的努力，赢取家庭范围外的温暖和爱情。这种人就是长大成人也会愚忠于自己的母亲。在爱情中他们要的并不是一个平等的对象，而是供他们奴役的仆人，而最忠实的仆人便是他们的母亲。如果母亲溺爱孩子，而父亲对孩子漠不关心，阻止他对其他人产生兴趣，那任何孩子都可能有俄狄浦斯情结。

精神病患者身上有一个显著特征，那就是行为受限。从口吃者的言语中我们能看到一种犹豫的态度，他们想和人交流，因为心理自卑，总怕别人不搭理他，所以说话时总是犹豫不决的。在学校里表现“迟钝”的儿童、失业的中年人、逃避婚姻问题的人们、强迫症患者、失眠症患者——所有这些人都显示出了一种自卑情结，而自卑心理使他们无法解决生活中的问题。采取自慰、早泄、阳痿或性变态的人都表现出一种错误的生活方法，这是因为他们和异性接触时担心行为不当而犹疑不决，所以无法满足性欲。如果我们试着去了解他们，问他们为什么会有这种力不从心的不适感，我们便会发现，这些行为的背后是好高骛远的目标。由此，答案就很明了，是因为他们为自己设置了过高的目标。

我曾经讲过，自卑感并非只有坏处，它是人类处境得以改善的动力之源。例如，科学的兴起就是因为人类认识到自己的无知，有预知未来的需要。科学是人类为谋求命运改变而努力的成果，是更进一步了解宇宙世界并得以从容应对的结果。事实上，所有人类文化都是在自卑感的基础上形成的。想象一下，一个外星人来到地球，他肯定会得出这样的结论：这些人类，建立起了他们的团体和制度，努力寻求安全感，他们盖房子避雨，穿衣服保暖，铺路出行，他们一定是地球上最脆弱的群体。从某种意义上说，人类的确是地球上最弱小的生物。我们没有狮子、猩猩那样强大的力量，也没有其他许多动物那样的自我保护能力。有的动物会集结成群来弥补他们个体的弱小，人类比地球上的其他任何物种都更需要群体合作。

人类在婴儿时期是无比弱小的，需要在他人多年地精心照料下长大成人。既然所有人类在生命之初都曾一度是最年幼弱小的生物，既然人类离开合作就只能彻底仰赖大自然的慈悲而活，我们就能理解，一个孩子如果不懂得合作之道，就很容易陷入自卑的泥淖而无法自拔。同时，我们还发现，我们的一生中总是会遇到这样那样的问题，即便是善于合作的人，也是如此。没有人敢宣称自己已经超越了这世上所有的人，主宰这世间的一切。虽然生命太短暂，我们的身体太孱弱，但仍要不断寻求丰富生命的三大问题的解决方案。我们总能找到解决方案，但是我们不能满足于已经取得的成绩。无论如何，我们都应该继续努力，但唯有合作的人会充满希望地做出有益的努力，为改善我们的共同处境而努力。

我们永远无法实现自己的终极目标，这是众所周知的。我们可以想象，如果一个人或是整个人类，达到了再也没有任何困难的境界，那时的生活一定是枯燥无比的。因为一切事情都可以预见，每件事都能提前做好准备，明天不会带来任何未知的可能，未来没有任何事情值得期待，事实上，生活中的不确定性给我们带来了乐趣。如果一切尽在掌握之中，如果我们无所不知，便不会有探索和发现的必要了，科学便走到了尽头，我们身边的世界就像不断重复的故事，除此以外什么都不是。那些曾经给予我们许多想象的目标，那些带给我们许多愉悦的艺术和宗教，也将变得不再有意义。我们应该庆幸，生活并非那么容易就被耗尽。人类奋斗不止，我们总是能找到或制造出新的问题，创造出新的合作和贡献的机会。

精神病患者在成长之初就遇到了阻碍，他们所提的解决方案总是停留在较低的水平，面临的问题也更为严峻。而普通人能够为自身的问题找出更有意义的解答方法，他们不断前进，面对另外的问题，转而找到新方法。这样，他们就能够为社会作出贡献，不屈居人后，不拖他人后腿，也不会需要或要求特别的照顾，他们依照自身的人生方式和社会认知勇敢前行，独立解决问题。

对优越感的追求

个体追求的优越感目标都是独一无二的。它来源于人们对于生命意义的描绘，而不只是表面文章。优越感目标就像一首自创的美妙曲子贯穿人生的始终。但是，它们更乐意拐弯抹角地表达，让我们不得不从它们给出的线索中去猜测。了解一个人的生活方式就犹如解读诗人的作品。诗人们只使用字词，所用文字不多，却意义深远，需要我们凭借直觉和研究去推敲出来。生活方式中蕴含着深奥、复杂的人生哲理。心理学家也要像解读诗歌一样，从字里行间去寻找，学会欣赏生活意义这门艺术。除此之外，别无他法。

我们早在四五岁时，就决定了生命之于自身的意义。这并不是通过精确计算得出的，而是在黑暗中摸索得到的。我们就像盲人摸象一样，对事物整体不甚了解，只是依靠着我们所经历的部分感受，然后就做出相应的解读。对优越感的追求同样是在摸索中进行的，它是人一生的推动力，是一种动态的取向，而不是地图上某个静止的点。

没有人能明确说出自己的优越感目标到底是什么，或许他们很清楚自己的职业目标，但那只是他人生目标的一部分而已。就算这个目标能够被明明白白地描述出来，在通往实现优越感目标的路途上，仍会有这样那样的问题出现。例如，一个人想成为医生，可医生要具备诸多素养，不但要具备专业知识，还要有颗仁慈和善的心。他们可能不仅仅希望成为某个特定医学领域的专家，还在活动中表现出独特的兴趣。我们不仅能看出他关心他人的程度，还能看出他是如何控制自己关心他人的程度的，并以此作为应对某种特定自卑感的补偿方式，具体是弥补哪种自卑感，我们从他所从事的工作及取得成就的领域就可以看出来。

举例来说，我们经常发现，其实很多医生在儿童时期便明白死亡是怎么一回事了，死亡给他们带来的最深印象是：它是威胁人类安全的一个外在侧面。或许是他们的父母去世了，或许是他们的兄弟姐妹有人去世了，这激发了他努力学医的念头，为了自己，为了他人，找到对抗死亡并增加安全感的方法。

有些人想成为教师，但我们非常清楚，教师也有所不同。如果一个教师的素养很低，他或许只有在比自己更弱小、更没经验的人面前才会觉得安全。那些素养高的教师则会平等地对待学生，希望为人类做贡献。在此，我想声明的是，教师与教师之间的能力和兴趣差别非常大，而且优越感目标也对他们的行为有很大影响。当具体目标明确后，个人便会激发潜能来适应这个目标，但整个目标是不会变的，不管在何种情况下，要找到一个途径来表现其个人设定的生命意义并达成争取优越感终极理想。

因此，对我们每个人而言，都需要透过现象看本质。正如他们有可能会改变其确切目标的表达方式一样，通俗意义上说，就是换工作，所以，我们必须找到这些目标背后的一致性，即人格的统一。人格不论以什么方式表现出来，总是固定不变的。就如我们拿到一个不规则的三角形，并将它们颠倒放置在不同的位置，那么从不同的位置都会看上去，它都像是一个完全不一样的三角形。但只要我们仔细观察，就能够发现它始终都是同一个三角形。

人格也是如此。我们无法从一个人单个的行为举止去判断其整体情况，但是从他的所有表现中就可以看到。我们绝对不能跟别人说："如果你这样做或那样做，那么对优越感的追求就可以得到彻底满足了。"追求优越感的过程不是固定的，而是相当灵活的。事实上，一个人越健康、越正常，在遇到某方面困难时，也就越容易找到新的出路。只有精神病患者才会死死盯着自己设定的目标不放，说道："我就认定这个了，别的都不行。"

我们不能很草率地就确定应该做何种努力来获得优越感，但是，我们应该发现，其实所有目标都有一个共同点——希望做人上人。有时，我们会发现一些儿童将这一点表现得十分直白，他们会说："我要成为上帝。"许多哲学家有这样的想法。有些教育家也希望将孩子培养成上帝般的人物。我们从古代宗教的戒律中看到一个目标：教徒们需要修炼，以使自己近乎圣人。“超人”这个概念是神化理想一种较为温和的表现。它表现为：“我不该说太多的。”比如尼采（Nietzsche），在他精神失常之后，曾在一封写给斯特林堡（Strindberg）的信中署名“被钉上十字架的人”（The Crucified）。

疯子常常毫不掩饰自己对优越感的追求，他们会说“我是拿破仑”或者“我是皇帝”。他们想成为万众瞩目的焦点，他们渴望成为世界关注的中心，他们想成为世界的主宰，他们希望自己拥有预测未来的超能力。

有些人想用更合理的方式来表现神化目标，想要长生不老、无所不知、智慧超凡。可是，无论我们是希望在人世间长生不老，还是想一次次于凡尘轮回，抑或是在另一个世界里得到永生，这些期望都源于想要“像神一样”的渴望。在这里，我们并不是要讨论这种说法是对是错，它们都是关于人生意义的不同解读，都是“意义”，而我们某种程度上也深陷于上帝和神化这种意义之上。即便是无神论者，也会想要战胜神、高于上帝。而我们可以把这视为一种格外强烈的优越目标。

人们一旦确立了优越感目标，他的生活方式就不会再有偏差。个体的行为习惯不管正确与否，都会与这个优越感目标相一致，而这是无可厚非的。那些问题儿童、精神病患者、酗酒者、犯罪嫌疑人、性变态者的生活方式和他们所追求的目标以恰当的行为得以体现，并以此来取得他们所希望得到的优越地位。所以，我们指出这些人行动上的错误并无作用，因为他们的行动与他们的目标是一致的。

有个男孩，在学校是班上最懒的学生。有一次，老师问他：“为什么你的作业做得这么糟糕？”他回答道：“我是班上最懒的学生，你就会一直在我身上花大量的时间。你从来不关注那些好学生，因为他们上课从来不捣乱，功课也做得好。”为了吸引老师，他采取了各种各样的方式。懒惰这个毛病帮助他达到目的，所以他就更认为改掉懒惰毫无用处，因为懒惰是他实现目的的手段。从这一角度而言，他做得完美无缺，他将自己的毛病改掉，才反倒成了一个十足的傻子呢。

还有一个在家里很听话的孩子，显得有点愚笨。他在学校里很迟钝，在家里也不太机灵。他有个哥哥，比他大两岁。而他哥哥的生活方式与他截然不同，机灵活泼、冒冒失失的，经常闯祸。有一天，有人无意间听到弟弟对哥哥说：“我宁可笨点，也不要像你那样鲁莽。”如果弟弟的做法是为了避免麻烦，那么他的愚笨就可以被看作是一种聪明了。因为以为弟弟愚笨，别人对他的要求便不会过高，即便他做了错事，也不会受到别人的训斥。从这一目标而言，如果他不这样笨，才真的是个傻瓜了。

从古至今，我们还是常常在针对表征来处理问题。但是，无论是从医学上还是从教育上而言，个体心理学都是不赞同这种治标不治本的做法的。如果一个孩子的数学成绩很差，或是在学校的表现很糟糕，我们若只是从关注细枝末节入手，试图有所改善，这是起不到任何作用的。或许他们是想让老师难受，甚至想让学校开除他，即便是我们帮他纠正了一个错误，那他们也总能找到另一条对策来达到他们的目的。

这类孩子和精神病患者有相似之处。设想一个例子，如果一个人患有偏头痛，对他而言，头痛是最好的武器，只要需要，它们就可以在任何特别的时刻发作。通过头痛，他可以避免许多人生问题。比如，当他需要被迫认识新人或做出新决定时，他的头痛招之即来。同时，头痛也能帮助他们操控他们的同事、搭档或家人。这么有效的办法，他怎么可能轻易放弃呢？在他看来，头痛就犹如一笔不可多得的财富，它会带来所有他所期望的回报。难怪当我们给出一个令他震惊的解释后，他便吓得再也不头痛了呢。这就如电击或假手术能让精神病患者的症状消失一样。

药物或许能够缓解患者的病痛，使他放弃一种已然选择的症状。只要他们的目标没有改变，哪怕治好了一种症状，他们也会找到另外一种来取而代之。头痛的病"治愈"了，他还可能会出现失眠等新症状。只要那个目标还在，他的病便会接连不断。有些精神病患者能够以惊人的速度克服原有的症状，他们也会找到另外一种来取而代之，他已经成为"精神病"高手，拿手好戏可谓越来越多。如果我们拿心理治疗方面的书籍给他看，他们也能从中受到启发——原来还有更多的神经官能症没有找到机会去尝试。所以，我们必须探知他选择这种病症的目的是什么，及其与优越感目标间的一致性。

如果在教室中，我找来一把梯子，放在黑板的上方，并坐了下来。那些看到我的人肯定会说："阿德勒博士疯了吧！"他们不明白为什么要有梯子，为什么我要爬上去，自然也不知道我为什么要以这么不雅的姿势坐在这里。但是，如果他们知道原因——“除非站得比其他所有人都高，否则他就会觉得自卑，所以他才要坐在黑板上方，只有俯视全班他才会感到安全。”这样，他们便不会觉得我的举动有多神经质了。为了达到这个目的，我找了个好方法。如果别人懂得我的目的，便会觉得我拿梯子、上梯子是合情合理的事情了。

我的疯狂只存在于一个点上，那就是对于优越的解读，除非有人告诉我，我的目标太荒谬了，否则我不会放弃自己的做法，但如果目标没有改变，即便有人拿走我的梯子，我还可能用椅子，如果椅子又被拿走了，那我就可能会开始尝试蹦跳攀爬。

所有精神病患者都这样。他们选择的做事方式没错，别人无须加以指责。我们需要让他们改进的是他们的人生目标。随着目标的改变，他们的心理习惯和态度也将随之改变，他们无须再保持原有的习惯和态度。

我列举一个 30 岁女人的案例。她因为焦虑、无法与人交朋友而来寻求我的帮助。她无法解决工作问题，以至于变成了家庭的一个负担。她经常从事速记、秘书一类的工作，但十分遗憾的是，她的雇主总是妄想侵犯她，导致她担惊受怕，不得不辞职。当她又找到一份新工作，老板对她的兴趣没有那么大，也没有任何不轨的举动时，她却为此大感羞辱，愤然辞职了。她已经接受心理治疗 8 年了，可这些治疗并没有使她的交际能力提升多少，也并没有使她能自食其力地生活。

不了解一个人的童年，就无法理解一个人的成长。所以，我在给她治疗的时候，先了解她早期的童年生活及生活方式。她是家里最小的孩子，人长得漂亮，受宠程度令人难以置信。她家境富足，父母对她向来有求必应。我听了她的描述感叹道："哎呀，那你是家里的公主呀。"她答道："那时每个人都叫我公主……"我问她脑海中最早的记忆是什么，她答道："我记得四岁的时候，有一次出家门，看到一些小孩在玩一个游戏。那些孩子见到我，跳着大喊大叫'巫婆来了'，我特别害怕，回到家后，我问一位和我们住在一起的老太太。那个老太太说，'是的，这个世界上有女巫、小偷和强盗，他们始终跟着你'。"由此可知，这是导致她害怕被孤零零地扔下，生活过程中战战兢兢的原因。她觉得自己不够强大，无法离开家，需要家人的照顾和支持。

她跟我说了另外一段早期记忆："我曾经有一个男钢琴老师，有一天他想要亲我，我跑开了，将这件事告诉了妈妈。从那以后，我就再也不想弹钢琴了。"由此可知，通过这件事，她为自己和男性之间划下了一道鸿沟。出于自我保护，她在性发展方面，也向着避免爱情纠葛的目标发展，她认为谈恋爱是软弱的一种表现。在这里我必须要说，当陷入爱情时许多人都会感到软弱，在一定程度上，她是对的。人一旦坠入爱河，就会变得温柔起来，而且爱得深的那个人更容易受伤。一个人的优越感目标如果是坚强不软弱、不暴露弱点，他便会选择逃避爱情。人们常常会发现，如果他们感到有陷入爱情的危险，就会把情况弄糟。他们或插科打诨，或揶揄嘲笑那些爱上他们的人，由此来摆脱爱情带来的软弱感。

这位女子也是如此，但凡涉及爱情与婚姻就会让她感到软弱。于是，在职场中，每次有别的男人向她献殷勤，她都远远地逃避，除了这个法子，她别无他法。她在遭遇爱情时，父母已经去世了，她的父母都去世了，跟着他们一同逝去的，还有她的“公主王朝”。无奈，她只好请求亲友照顾她，可并不尽如人意。因为过了一段时间，亲戚们都烦透了，对她的照顾也懈怠了下来。她责备亲友们，孤单一人对她来说是多么危险，她想竭力摆脱独自生活的悲剧。我深信，如果她的家人彻底拒绝再为她而烦心，她会疯的。她发现，要想实现优越感目标，唯一的办法就是强迫家人供养她，可以没有后顾之忧。她一直想：“我是外星人，不属于这个星球。在另一个星球上，我是一位公主。这个可怜的地球完全不懂我，不能明白我有多重要。”现实情况是，她因为亲友照顾得懈怠了，就会发狂。可只要还有亲友照顾她，只要还有一丝希望，她就不会走那步的。

还有一个案例。我们能从中清楚地看出自卑情结和优越感情结。有个 16 岁的女孩，被家人送到我这里。原来，她从六七岁开始偷窃，从 12 岁开始便和男人在外面彻夜不归。在她两岁那年，父母经过漫长而痛苦的挣扎之后终于离了婚，母亲带着她到外婆家生活。与多数外婆一样，她外婆格外宠爱她。她出生于父母争吵最激烈的阶段，是个不受欢迎的孩子，也从来没得到过母亲的喜爱，这导致母女关系十分紧张。

我和这个女孩友好地交谈。她告诉我：“我并不真的觉得偷东西或者和男孩子们混在一起很享受，我只是想让妈妈知道，她根本管不了我。”我问她：“你是为了报复你妈妈？”她答道：“是的。”她感觉自己弱小，她做出上述种种行为，只是想证明自己比母亲更强大有力。她觉得母亲不喜欢自己，感觉特别自卑。为了维护自己的优越感，她所能想到的唯一办法就是制造麻烦。孩子做出盗窃或其他不良行为，通常是想报复别人。

有个 15 岁的女孩，失踪 8 天，在被找到以后，人们将她带到了青少年法庭。在法庭上，她又编造了个故事，说自己被人绑架了，被关在一个房间里 8 天。别人自然不信她所说的话。医生单独和她谈话，敦促她说出实情。她见医生不信任她，一下子恼了，扇了医生一个耳光。我见到她时，问她想成为什么样的人，并且告诉她，我只对她的幸福以及如何帮助她感兴趣。当我问她做过什么梦时，她笑了，说：“我去了个酒吧，当我打算从里边出来时，看见了我妈。很快，我爸也出现了。我让我妈把我藏起来，这样我爸就看不见我了。”她害怕父亲，而且还在对抗他。他常常惩罚她，正因为害怕惩罚，她被逼无奈，只好撒谎。

孩子撒谎，必定是家里有位严厉的家长。如果不是觉得说真话会有危险，孩子又何必撒谎呢。这个案例中，这名女孩与她的母亲之间有着某种程度上的协作，所以不存在报复母亲的可能。女孩告诉我，有人引诱她去了酒店，一待就是 8 天。她因为惧怕父亲，不敢说出真相，她的行为又显示出想要胜过父亲的渴望，不愿说出真话。她觉得自己始终受父亲压制，只有伤害父亲才能战胜他。

我们该如何帮助那些因为追求优越感而误入歧途的人呢？如

果我们了解到对优越感的追求是人所共有的，那就不难。我们如果换位思考，就会同情他们。他们为自己定下了毫无意义的目标，这是唯一的错误。

追求优越感是人类共同的目标，这是我们对我们的文明做出哪怕点滴贡献的动力源泉。整个人类的生活都是循着一条伟大的行动路线前进的——自下而上、由负而正、由失败走向成功。但是，只有那些在自己的努力中展现出造福他人的意图，愿意为众人的利益而锐意进取的人，才能真正应对并掌控生活的问题。

如果我们采用适当方式来对待患者，便不难发现，其实患者比我们想象的易于被说服。归根结底，一切人类有关价值和成功的判断都有其根基，那就是合作，这是我们人类最伟大的共通之处。我们关于行为、理想、目标、行动、性格等方面的要求，都有益于人类合作。任何人都会或多或少地存在社会责任感。关于这点，精神病患者和犯罪嫌疑人都一清二楚，他们会想尽办法为自己的生活方式辩护，或是试图诿过他人。但他们缺乏正常人的勇气。自卑情结告诉他们：“你没办法通过合作实现目标。”他们脱离了人生正轨，逃避现实问题，转而忙于与虚幻的影子战斗，以此来肯定自己的力量，获得自我安慰。

人类劳动分工不同，所确立的目标也不同。就如我们所知道的那样，每个目标都存在不同程度的失误，我们总能从中找出些可以批评的地方。孩子们的优越感可能有所不同，这个孩子的优越感可能源自数学知识，那个孩子可能擅长艺术，而第三个孩子又以健壮的体格见长。如消化不良的孩子，他们可能会认为自己的问题主要是营养问题，为了改善自身状况，他们可能转而关注食物，结果就是，他们或许会成为一名职业的厨师或营养专家。通过这些特殊目标，我们发现：伴随着对缺憾的切实补偿，也许有些原本认为无法实现的目标也实现了，甚至是那些无法企及的目标。例如，哲学家经常需要与世隔绝，来进行思考和创作。假使一个人的优越目标里匹配了高度的社会兴趣，便不会犯什么大错。合作鼓励百花齐放。

第四章　早期记忆

个性塑造

个人对优越感的追求是决定其人格的关键因素，因此，我们完全可以在他们精神发展的方方面面看到这一努力的痕迹。认识到这一点，将会对我们了解个体的生活方式大有裨益。主要表现为两点：一是我们可以选择任何一种行为着手进行研究，任何一种表现都会把我们带往同一个方向——核心动机；二是有大量资料可供我们参考，所有的词语、思想、感受或手势都有助我们增强对个体的了解。任何我们可能因匆忙断言而犯下的错误都能够在成百上千的其他构面或表达之中得到检验并被纠正。所以，我们只有将个体的一种表现放到整体中去了解，才能确定这种表现的真正意义。但是，每种表现都反映出同一个事实，那就是每种表现都将推动着我们找到答案。

我们就像考古学家一样，搜寻陶器残片、残垣断壁、破损的石碑以及残缺的古书，试图从这些残存零碎中推断出整个城市的情形，哪怕这些城市早已毁灭。在心理学领域，我们研究的不是残损之物，而是与我们息息相关的生活。这些遗留就如活生生的人，给我们讲述了过去那个异彩纷呈的世界。

要了解一个人不是简单的事情。或许，个体心理学是所有心理学流派中最难掌握也最难实践的一门。我们必须了解它的来龙去脉，从始至终抱有怀疑的态度，直至最关键的那把钥匙能自证其是。我们必须从细枝末节中寻找线索，包括一个人如何走进房间、如何打招呼、如何握手、如何微笑、如何走路等。在某些方面，我们或许会在某一点上陷入迷惑，但其他的点总会把我们拉出来，或是证实我们的印象。治疗本身实际上就是一种合作的练习和检验。只有真正关心他人，我们才能获得成功。我们必须设身处地为他人着想，用眼睛观察，用耳朵倾听。而患者也一定要尽其所能来帮助我们理解他们。我们必须进一步研究他人的态度及所出现的问题。即使我们自认为足够了解他人了，但除非他们也理解了自己，否则就没有任何证据能够证明我们是对的。只是部分适用的真理永远算不上真理，只能说明我们对他人的了解还不够。

或许正是因为对此不够了解，其他心理学家才提出了“正转移”和“负转移”的概念，而个体心理学是从不会这样分类的。纵容那些被宠坏了的患者或许是一个得到他们喜爱的简单办法，但这样他们的控制欲就会被掩藏起来。我们对他稍有怠慢或忽视，便可能引发他的敌意。他可能会停止治疗，即便是继续接受治疗，也非得获得我们的道歉才满意，以证明他的做法是正确的。无论纵容还是怠慢，都不能对患者有所帮助，而唯一有效的方法是让他将注意力放在他人身上，没有比这更真实、更客观的方法了。我们必须和他们一起来找出他们的错误，这对他自己或他人都是十分有利的。从这一目的出发，我们绝不能冒险让他发生“转移”，不会摆出一副权威的架势，也不会将他们置于依赖和毫无责任感的位置上。

在所有心灵表现中，个体记忆最具启发性。记忆是人们随身携带的提示器，记录着有关他们自己的局限和各种事件的意义。记忆并不是偶然存在的，因为在无数的印象中，个体只保存那些他自认为有用的东西，不管那些东西清晰与否。所以，记忆便成了个体的“人生故事”。个体用这些记忆告诫或提醒自己，这个故事可以帮助人们将注意力集中在他们的目标上，通过以往的经验和检验过的方法，从而为未来做好准备。

在日常活动中，记忆还能用来稳定情绪。如果一个人遭遇了挫折，并且为之沮丧，那么他就会同想起从前曾经遭遇过的挫折。个体闷闷不乐时，他想起的通常也是悲伤的记忆。然而，当他心情愉悦时，记忆也会有所不同，通常会想起快乐的经历，使他变得更为乐观。同样的道理，如果遇到了一个难题，他就会唤出那些能够帮助自己调试好恰当态度的记忆，以便应对当下的情形。

因此，记忆能起到和梦境相似的作用。许多人在需要做出决定时，会梦到自己成功通过考验，努力营造成功时的心境。对于个人生活方式中存在的各种情绪变化，对于通常情况下情绪的构成与平衡来说，这一点同样适用。即便是忧郁的人，在想起美好时光与成功时刻时，也会变得不那么忧郁了。相反，如果他一心所想的就是“我一辈子都那么不走运”，那他所选择记住的就将只是那些不幸的事情。

早期记忆与生活模式

人的记忆与生活方式是不会背道而驰的。一个人在追求优越感时，如果他心里想的总是“别人老是欺负我”，那么，他就会选择保留曾经感到羞辱的记忆。而他的生活方式一旦发生改变，他的记忆也将随之发生改变。他记忆里的故事将完全不同，或者会对记忆中的事情做不同的阐释。

早期记忆是极为重要的。首先，早期记忆显示了个体生活方式的起源及其最简单的表达方式。从这些早期记忆中，我们能够得出许多判断：他早期是受家长溺爱还是忽视，他与人合作的能力如何，他希望与谁合作，困扰他的问题是什么，以及他是如何应付这些问题的。如一个先天弱视的孩子，对于曾经受到视力问题困扰，并为了看得更真切而努力过的儿童，从他们的早期记忆中我们应该能够找到许多与视觉有关的印象。他的记忆也许是这样的：“我望望四周……”抑或是描述一些色彩和图案。行动不便的孩子希望自己能跑能跳，早期记忆中关于跑、跳、玩耍的印象更深。个体的早期记忆是和他的主要兴趣息息相关的。而如果我们能够知道他们的主要兴趣，就能够了解他们的目标和个人生活方式了。正因如此，早期记忆在个体的就业指导中起到了很大的作用。

此外，我们还能从个体的早期记忆中发现他与父母以及其他家庭成员间的关系。记忆是否清晰准确相对而言并不那么重要，最大的价值在于早期记忆代表了个体的判断：“我小时候就是这样的人了。”抑或是：“从小我就认为世界是这样的。”

在所有记忆中，一是儿童展开他们故事的方式，二是他们能够想起的最早的事件。早期记忆能体现个体最基本的人生观，这是他人生态度的雏形。早期记忆能够让我们看出个体是以什么作为自身发展的出发点的。我们不了解一个人的早期性格，就无从了解他的真正性格。

若要探究一个人的个性，我绝不会不询问他最早的记忆。有些人会拒绝回答，有些人说不记得哪件事是先发生的了。这种行为本身实际上也说明了一些问题。我们可以推断出，他们不愿意探讨自己的基本人生观，他们还没有准备好要合作。但是，一般情况下，人们还是很愿意和我们分享他们的早期记忆的。很少有人了解早期记忆背后隐藏的深层意义，但绝大多数人能通过早期记忆，客观自然地说出自己的生活目标、人际关系及对自身处境的看法。早期记忆的另一个有趣之处在于，它们的精炼质朴使得我们能够将其应用在群体研究中。早期记忆还有一个有趣之处，这些记忆精炼简单，更方便用于群体调查。我们可以要求一群学生写下他们的早期记忆，如果知道怎么去解读这些早期记忆，就能够为每一个孩子制作出一份极其有用的资料了。

解析早期记忆

为了更便于理解，我将列举几个早期记忆的案例来加以说明。

对于案例中的人，除人们自己讲述的记忆之外，我对他们一无所知，甚至不知道他们是孩子还是成年人。我们从他们的最初记忆中所了解到的意义，本来是可以用来了解他们的性格的，可这里，我们仅作训练之用，来加强我们的推测能力。我们就能够知道究竟什么才是真实的，能够将一则记忆与其他记忆进行比较。特别是，我们能从中知道个体是否具有合作精神，是勇敢的还是胆怯的，是希望被关照还是独立的，是乐于付出的还是只知道索取的。

案例 1：

"因为我妹妹……"出现这样最初记忆的人十分值得引起我们的注意。当有某个姐妹出现时，我们基本上就能够相当确定，妹妹在这个人的成长历程中留下了影子。绝大多数情况是，两者间存在竞争关系，很显然，这为成长带来了额外的难题。如果一个孩子心中满是敌意，那他便很难对其他人产生兴趣。可我们不能就此轻率地下结论，毕竟也可能两个孩子是好朋友。

"我和妹妹是家里较小的两个孩子。在她够年龄之前，我也一直不能去上学。"这时，竞争关系就显露出来了。我们能明显感受到这个人的敌意：妹妹拖了我的后腿，她太小，我就得等她，导致我的发展受到限制。如果这就是这段记忆的真正内涵，那这个孩子很可能会认为：生活中最大的危险是有人限制了我，妨碍我自由发展。这个孩子很可能是个女孩，看起来通常不太会有男孩子因为小妹妹还没长到入学年龄而被留在家里。

"我们俩是同一天进学校的。"对一个女孩而言，我们认为这种做法对她的成长是没有益处的。因为这很可能会使她形成这样的印象：由于年纪比较大，自己必须为别人让位。她觉得因为妹妹，自己才受到了冷落，大家更偏爱妹妹。而且她还会将这种冷落归罪于某个人，被怪罪的那个人很可能是她母亲。如果她更亲近父亲，并且努力想要得到父亲的喜爱，那可一点儿也不奇怪。

“我清楚记得我们第一天上学那天妈妈的表现，她逢人便说自己如何孤单。她说那天下午，她好几次跑出门外，去看孩子们回来没有，感觉她们好像永远都不会回家了似的。”这是她第一次提到母亲，在她眼里，母亲是那么不明智。“担心孩子们再也回不来了”，这句话淋漓尽致地表现出了母爱。女孩们也感受到了她的慈爱，但与此同时，她也是焦虑紧张的。如果我和孩子这样交流，会让孩子觉得我是偏爱妹妹多一点。可母亲这样的表现一点也不会令我们惊讶，因为家中最小的孩子本来就容易获得偏爱。

从这则记忆中，我所得出的结论是，这对姐妹中，姐姐认为自己受到了妹妹的拖累，在此后的生活里，忌妒及害怕竞争的性格会缠绕着她。我们无须惊讶，她不愿意和比自己年纪小的人相处。有的人一辈子都觉得自己太老，许多善妒的女子在比自己年轻的同性面前会感到自卑。

案例 2：

“我的最初记忆是我爷爷的葬礼，那时我才三岁。”这是个女孩写下的。死亡给她留下了极为深刻的印象。这意味着什么呢？她将死亡视作生命中最大的隐患和最大的危险。从她童年的经历中，她衍生出这样的想法：“爷爷也会死。”我们还发现，她可能是爷爷的宝贝，非常受宠。祖父们几乎都是宠爱他们的孙子孙女们的，这是因为，他们教育孩子的责任小于孩子的父母，他们希望时刻将孩子留在身边，以此表明他们仍然是受人喜欢的。在我们的文化里，老年人不太容易感到自己的价值被认可，有时他们会借由一些简单的手段来求取安心，如发牢骚。在这一案例中，我们可以肯定的是，这个女孩很小的时候，她爷爷是很宠爱她的，这种宠爱给女孩留下了深刻的印象。祖父的死亡对女孩来说是个沉重的打击。一个伙伴兼忠诚的仆人被带走了。

“我清楚地记得，他躺在棺材里，身体僵硬，脸色发白。”我不觉得让一个三岁的孩子亲眼看到死者是件好事，尤其是在她没有做好准备的时候。很多孩子向我倾诉，他们看到过死人，并且印象深刻，永远也忘不了。这个女孩就一直无法忘怀。这些孩子会努力减少或克服死亡的威胁，想当医生，因为他们觉得医生比常人更能和死亡抗争。如果让医生讲述他的最初记忆，也往往会提到一些与死亡相关的记忆。“躺在棺材里，那么安静，那么苍白”，这是关于视觉记忆的描述。这个女孩很可能是属于视觉型的，喜欢观察世界。

“后来，我们到了墓地，棺材被慢慢地放下去。我记得绳子被从棺材底下抽了出来。”关于这一情景的描述更印证了我此前的猜测，她是属于视觉型的人。“这段记忆使我心存恐惧。后来，只要提到任何已经前往生命彼岸的亲戚、朋友或熟人，我就会满心恐惧。”

我们再次注意到，死亡给她留下了深刻的印象。如果有机会和她进行面对面的交谈，我定会问她：“你长大后想从事什么职业？”她很可能会回答：“医生。”如果她不回答或是回避这个问题，那么我就会建议：“你不想当个医生或是护士吗？”她提到“另外一个世界”，这是她对自己内心恐惧所做的一种补偿。从这段记忆中，我们了解到，她的爷爷很疼爱她，她是个视觉型的女孩，而且将死亡看得很重。她从生活中得出的结论是“我们终将死去”。毫无疑问，这是事实。但并非人人都会如此关注它。还有许多其他的事情能够吸引我们的注意力。

案例 3：

“我三岁的时候，父亲……”叙述一开始，这个女孩就提到了父亲，我们可以设想她对父亲比对母亲更感兴趣。一般来说，对父亲的兴趣总是出现在成长的第二阶段。一两岁时，孩子和母亲的关系非常密切，孩子需要母亲，也依恋母亲，他的心理活动和母亲息息相关。这段时间里，孩子对母亲更感兴趣。如果孩子转而依恋父亲，那便是母亲失败了，这个孩子对她的处境不满意，这通常都是因为有更小的孩子出世了。如果我们从一个孩子的回忆中听说还有个弟弟或妹妹，那我们的猜测就得到了证实。

“父亲给我们买了一对矮种马。”从这句话里，我们得知孩子不止一个，而我们很想听听另外一个孩子的情况。“她牵着缰绳，把它们牵进屋子里。我的姐姐，她比我大三岁……”这里我要说的是，我此前的猜测错了，她家拥有的不是比她更小的孩子，而是比她大的姐姐。或许母亲比较偏爱姐姐，这就能解释为什么这个女孩会提到父亲和作为礼物的两匹小马了。

“我姐姐拉着其中一匹马的缰绳，骑着马走在街上，威风凛凛的。”这是姐姐胜利的表现。“我的小马紧跟着姐姐的马，可那马跑得太快了，我根本追不上。”——这是姐姐抢先出发的结果。“我摔了个狗啃屎，马拖着我往前跑。这本该是一个满怀期盼的经历，却得到了个耻辱的结果。”姐姐赢得了一分。我们可以确定的是，这个女孩的意思是“如果我不小心，胜利的就永远是姐姐，我就会一直被打败，一直倒在尘土里。要想确保安全，唯一的办法就是拿第一。”这下，我们就明白了，姐姐赢得了母亲的芳心，妹妹就转向了父亲。

“虽然后来我的骑术比姐姐好，但这丝毫不能减少当时的失望感。”现在，我们所有的假设都得到了证实。我们可以清晰地看出两姐妹间的竞争关系。年幼的那个觉得：“我总是落在后面，这不行，我得赶上去，超过其他人。”我们曾经描述过这种类型的孩子，他们常常是家里的次子或最小的孩子。这些孩子前面通常有年长的哥哥或姐姐，而他们则总是在为超越领先者而努力。这名女孩的记忆强化了她的态度，觉得：“如果有人在我前面，那就危险了，我必须永远争先才行。”

案例 4：

“我最初的记忆是姐姐带着我去各种社交场合，参加各种聚会。我出生时，姐姐都快 18 岁了。”这个女孩认识到自己是社会的一部分。或许，在这名女孩的回忆中，她就是社会的一分子——或许我们应该在这份记忆中找到比其他人更高的合作度。对于她而言，年长十几岁的姐姐，有时扮演了母亲的角色。姐姐是家里最溺爱她的人，并且用十分聪明的方式，增强了她对其他人的兴趣。

“我出生以前，姐姐是家里 5 个孩子中唯一的女孩，我出生后，所以她自然很乐意到处炫耀我。”这种描述听起来并非像我们想象的那般好了，要知道，如果一个孩子被当作“炫耀品”带出去，那么他的兴趣很可能就在于赢得社会大众的喜爱，而非对其做出贡献。“所以，我很小的时候，就经常出入各种社交场合，我印象最深的是姐姐不断要求我说话，如‘告诉这位女士你叫什么’之类的话。”这是一种错误的教育方式。如果这个女孩因此患上口吃或者出现语言障碍，那根本不是什么稀奇的事。孩子口吃常常是因为别人过于关注她说话。他们无法轻松自如地与他人交流，而是过分关注自己，满心期待得到别人的赞赏。

“我记得，如果我一言不发，回家后就会受到姐姐的责骂。后来，我变得讨厌外出，讨厌与人交往。”我们的推测必须得全盘推倒重来了。现在，我们发现她这段记忆背后隐藏的意思是“姐姐带着我去跟别人接触，但我发现这并不令人愉快。因为有过这种经历，我讨厌类似的交往和合作。”由此，我们可以推测的是，直到现在，她依然不喜欢与人交往。当和别人在一起时，她会显得局促不安，在内心里她觉得自己应该是光芒四射的，可是这对她来说要求太高了。在成长过程中，她失去了和同伴平等、轻松相处的能力。

案例 5：

“我小时发生了一件大事。我 4 岁那年，我曾祖母来看我们。”我们知道，祖母们往往很宠爱她们的孙子、孙女，可我们还没体验过曾祖母会怎么对待孩子。“她来看我们时，我们拍了一张全家福。”可见，这个女孩对自己家有着浓厚的兴趣，既然她能如此清楚地记得曾祖母的到访和当时拍的照片，我们或许可以得出结论，她对自己的家庭相当依恋。如果我们没有猜测错误的话，我们便会发现，她的兴趣仅仅局限在自己家里。

“我清楚地记得，我们开车去了另外一个镇子。到照相馆以后，我换了一件白色绣花的衣服。”这个女孩可能也是视觉型的。“在拍全家福前，他们先让我和弟弟合影。”在这里，我们再一次发现了她对于家庭的兴趣。弟弟是家庭中的一员，此后我们或许能听到她和她弟弟之间的故事。

“他们让他坐在我旁边的椅子扶手上，给了他一个红色的球让他抱着。”在这里，她再次回忆起视觉上的东西。“而我站在椅子边上，两手空空，什么也没有。”到这里，我们似乎明白这个女孩追求的是什么了。她在告诉自己，弟弟比她更受宠。我们或许可以推测，对于弟弟的出生她并不觉得高兴，因为这样她就不是最小的孩子了，弟弟抢走了原本属于她的宠爱。“大人们让我们笑。”她说，“大人们想逗我们笑，可我有什么可开心的呢？他们让弟弟坐在‘宝座’上，给他红色的球，我又有什么呢？”

“接下来就拍全家福了。每个人都想照出自己最好的样子，除了我。我不肯笑。”她在和家人对抗，因为他们对她不够好。在她讲述最初记忆时，她没有忘记告诉我们家人是怎么对待她的。“当他们让我们笑时，弟弟笑得很甜，他的确很可爱。从那天开始，我就讨厌照相了。”类似这样的回忆给了我们一个很好的机会来了解大多数人对待生活的态度。当我们心存某种印象时，总是爱用这种印象去解释所有的事情。很显然，她拍全家福时很不高兴，所以时至今日，她都很讨厌照相。我们常常发现，如果某个人不喜欢什么东西，那么他就会为他的不喜欢而辩护，从以往的个人经历中找出一些东西来解释这一切。这段早期记忆，给了我们两条线索去了解这个人：一是这个女孩是视觉型的人；二是她很依恋家庭，这点是很重要的。她的早期记忆局限在家庭这个小圈子里，她很可能无法很好地适应社会生活。

案例 6：

“我的早期记忆之一，是我三岁半左右发生的事情，这可能不是我最早的记忆。”我父母聘请的一个女孩带我和表弟来到酒窖，给我们尝苹果酒。我们非常喜欢。发现酒窖中的苹果酒，是一次探险，也是一次很有趣的经历，就犹如发现新大陆一样。如果我们必须在现阶段就做出推断，我们或许可以在两种猜测中选择一个：一是这个女孩很喜欢这种经历，敢于面对新环境；或许正相反，她很有可能是在告诫我们，有许多意志力更强的人会诱骗我们，将我们引入歧途。更多的回忆将帮助我们做出选择。“过了会儿，我还想喝，就决定自己动手了。”这是个很勇敢的女孩，她想要独立。“可不一会儿，我就双脚发软，动弹不得了，苹果酒洒了一地，整个酒窖都湿了。”在这里，我们看到了一个禁酒主义者诞生的苗头。

“我不知道这件事是否跟我讨厌苹果酒或其他酒精饮料有关。”一个小小的意外事件成为一个完整生活态度的成因。从常识来看，我们似乎很难通过这件小事得出这样的结论，可女孩却认为，这足以解释她为何不喜欢酒精饮料。我们或许能够发现这位女孩是一个善于吸取经验教训的人。她或许是一个很独立的人，勇于改正错误。这种品质将伴随她的一生，成为她显著的性格特征。就如她自己所说的："我会犯错，但只要我发现了错误，就能及时改正。"如果事实确实如此，那她一定是个性格很好的人，积极向上，敢于面对，改善处境，过有价值的生活。

在上述所有案例中，我们所做的就是训练自己的推测能力。在我们确定自身说法正确与否之前，定要多了解这个人的性格特征。我们再来看几个案例，从中我们能了解到个人性格在所有表达方式中所展现的一贯性。

案例 1：

有个 35 岁的男人，因患有神经焦虑症而来找我治疗。他只要离开家就会感到焦虑，但他又无法不去工作。从走进办公室的那一刻开始，他就会呻吟哭泣，整天如此，直到晚上回到家中，与母亲待在一起时才会有所缓解。被问到最初记忆时，他回答说："记得四岁时，我坐在家里的窗户前，兴致勃勃地看着外面的街道和忙碌的人们。"他喜欢看别人工作，而自己只是在一旁观望。

我们要想帮他改变现状，就要让他摆脱不能与他人一起工作的想法才行。一直以来，他还是认为自己只有依靠别人的支持才能活下去。我们必须转变他这种观点。我们不能就此而责备他，用药物治疗更是没有任何益处。但是，他的早期记忆告诉了我们他会对什么工作感兴趣。他的主要兴趣在于观察，可他又有些近视，正由于这个缺陷的存在，他反而在观看事物上投注了更多的注意力。长大后，他步入职场，可这时他想的仍然是观察，而不是工作。但这两点并不是完全对立的。他在痊愈后开了间画廊，就这样，他终于找到了自己的方式，得以投入社会和劳动分工之中。

案例 2：

还有一位 32 岁的男人，他患有严重的失语症。除了低声细语，他无法开口讲话，这种情况持续了两年。他是因为什么得了这种病呢？事情的起因是，他踩在一片香蕉皮上滑倒了，撞倒在一辆出租车的窗户上。在接连呕吐两天后，他患上了头疼。可以肯定的是，他得了脑震荡，可他的喉咙并没受到影响，那么最初的脑震荡也就不足以解释为什么他不能说话了。他曾经有 8 个星期的时间根本说不出话来。为此，他将出租车司机告上了法庭，可这件事是很难裁决的。他将整个事故的发生都归咎于出租车司机，要求出租车公司做出赔偿。我们可以设想一下，如果他表现出某种残疾，那么在法庭上就会拥有很大的优势。我们不能说他不诚实，而且他也没有撒谎的必要。也许经过那次事故的冲击之后，他确实受到了严重的惊吓，也确实诱发了语言障碍，而且之后也找不到改变这一情况的理由。

这名患者曾去找耳鼻喉科专家帮忙，可专家也找不到问题所在。当被问到早期记忆时，他告诉我们："我躺在摇篮里，摇篮挂在架子上。后来，我记得自己眼看着钩子脱落，摇篮掉了下来，我受了重伤。"没有人愿意被摔伤，可这个人把摔伤看得过于严重了，他总认为"掉下来"是极为危险的事情，并将注意力都放在了这上面。"我摔下来时，门开了。妈妈走了进来，她吓坏了。"

母亲注意到摇篮掉落了，可他的描述里这段记忆同时也是一种谴责，他认为母亲没有照顾好他，没有尽到应尽的义务。同样，他认为出租车和出租车公司也犯了这样的错误，错在没有照顾好他。这是一个被宠坏了的孩子的生活方式：努力让其他人来对他自己负责。

他的另一段记忆讲述了类似的故事。“5 岁时，我从 20 英尺[1]高的地方摔了下来，头上压着一块很重的板子。足足有五六分钟的时间，我说不出话来。”可见，这个人是如此得心应手，喜欢以摔倒为由拒绝说话。我们都知道摔倒不是导致失语的原因，我们无法将这视为适当的理由，可他恰恰就是这么看的。他很熟练地运用这项“技能”，一旦摔倒，就自然而然说不出话来了。我们只有让他知道摔跤与不能说话两者之间没有任何必然的联系，特别是车祸后没必要两年多的时间都低声细语地说话，这样他才有可能痊愈。

但是，这段记忆告诉我们，他并没有意识到自己犯错的原因。他继续说道：“我母亲又跑了出去，看上去被吓坏了。”他两次摔伤的经历吓坏了他母亲，他吸引到了母亲对自己的关注。他是个希望成为人们关注焦点的孩子，想要大家都围着他转。我们能理解，他是想弥补自己的不幸。其他被宠坏的孩子也可能在类似的情形下采取同样的举动，只是那些孩子不会采取失语这个策略罢了。失语是这个患者的显著特点，而他这种生活方式的形成是

1. 一英尺约为 0.3 米

由相关经历所导致的。

案例 3：

一个 26 岁的男人来找我，他抱怨说自己总是找不到满意的工作。8 年前，他父亲将他安排进了经纪公司，可他一点也不喜欢那个行业的工作，最近终于辞职了。他想找一份别的工作，可没能如愿。除此之外，他还饱受失眠的困扰，甚至偶尔会冒出自杀的念头。放弃经纪人的工作后，他离开了家乡，到了另外一个镇子，并找到了一份工作。但随即就接到了一封被告知母亲生病的信，便又回到家里，和家人们住在一起。

从这个故事中，我们可以想象，母亲对他十分溺爱，而他的父亲则试图左右他。我们接下来很可能会发现，他的生活就是在反抗父亲的权威。当我们谈到家中的排行时，他说自己是家里最小的孩子，而且是家里唯一的男孩。他有两个姐姐，大姐总是对他指手画脚，二姐也有同样的毛病。而父亲总是对他唠唠叨叨。这让他深深感觉自己被整个家庭控制着，只有母亲是他唯一的朋友。

他直到 14 岁才上学。后来，他父亲将他送进了一所农业学校，好让他在毕业后帮自己打理农场。这男孩在学校里过得很好，却也明确了他不想当一个农民的意愿。于是，他父亲给他找了份经纪人的工作。奇怪的是，他在这个工作岗位上一干就是 8 年，他给出的理由是希望尽可能为母亲多做点事。

他小时候很邋遢，又胆小又怕黑，很害怕一个人待着。当我们听到孩子不爱干净时，就知道，一定是有人跟在他们身后随时收拾；我们听说一个孩子很怕黑，不想一个人待着的时候，自然而然就会想到那些安慰他、关心他的人。就这位年轻人来说，这个照顾他的人就是他的母亲。他觉得很难和别人交朋友，且又能和别人很好地相处。他对爱情没什么兴趣，没谈过恋爱，也从来没想过结婚。他目睹了父母并不幸福的婚姻，这也有助于我们理解他自己为什么会抗拒婚姻。

他父亲曾向他施压，希望他继续从事经纪人工作。他想转战广告行业，可他也清楚，家里人是不会出钱支持他从事这一行业的。在每一个节点上，我们都能看到，这位患者行动的目标就是与他的父亲对抗。他在做经纪人的时候，虽然也有了一些积蓄，可他并没有将这些钱投资到自己喜欢的广告行业中去。他只是将它看作一个可以向父亲提出的新要求。

从他的早期记忆中，我们可以清楚看到一个被溺爱的孩子对严厉父亲的反抗。他记得自己在父亲的餐馆里打工的情形。他喜欢清洗盘子，喜欢把它们从一张桌子挪到另一张上去。他玩盘子的做法激怒了父亲。他被当着客人的面扇了一记耳光。他用这段记忆证明，父亲是他的敌人，他一生都要与父亲为敌。其实他并不真的想要工作。只有伤害父亲才能令他完全满意。

他自杀的想法也不难理解。任何自杀行为都是一种谴责。他将产生自杀的想法归咎于父亲。他对工作的不满也同样是对父亲的直接对抗。他不采纳父亲的任何建议。他是个被溺爱的孩子，根本无法在工作中独立自主。他并不想全心投入工作，只想游手好闲，但好在对母亲他还是保留了一些合作精神，所以他又想找一份不错的工作。但失眠又怎么显示出他和父亲对抗呢?

他如果彻夜无眠第二天自然就没精神工作，他的父亲希望他去工作，但这个男孩厌倦了，觉得自己无法应付工作。他会说：“不是我不想去，你强迫我也没有用。”他为母亲和家里的经济状况着想，只是嘴上说说而已。可这却给家里人一种错觉：“这孩子没什么希望了，家里不能再养着他了。”他必须要为自己找一个借口，于是，失眠，这个表面看起来无懈可击的不幸解决了一切。

他说自己原来从不做梦，然而后来，却记起了一个常常重复出现的梦境。他梦到有人朝墙上扔球，而那个球总是弹开。这似乎是一个无关紧要的梦，这个梦会和他的生活方式有什么联系呢？我问他：“后来怎样了？”他告诉我：“当球向我弹过来时，我就醒了。”到这里为止，他失眠的全貌已经展现出来了。他将这个梦当成了闹钟，能将他从睡眠中叫醒。在他的潜意识里，所有人都往前逼迫他，强迫他去做他自己并不想做的事情。他梦到有人朝墙上扔球，每到这时，他就会醒过来。结果，第二天他会很疲惫，而当他疲惫了，就无法工作。父亲正焦急地等待他出去工作呢，可他已经采取这种方式来和父亲对抗了。他竟然能选择这种方式来对抗自己的父亲，会觉得他真是聪明。可是，无论于人于己，他的生活方式都是不对的，我们必须要帮助他改变这一切。

我跟他解释过这个梦之后，他就再也没有做过这个梦，但他告诉我他在夜里仍会不时醒过来。他已经意识到自己做那个梦的目的了，所以没勇气做那个梦了。但仍然继续努力着让自己能够在白天疲惫不堪。我们该怎么帮助他呢？唯一的办法是让他和他父亲展开合作。如果他仍然将所有的精力放在如何对抗自己的父亲身上，那谁也帮不了他。

按照我们的惯例，我对患者的态度表示了认同。“看来你父亲是大错特错了。”我说，“他无时无刻不在想着将他的权威加诸你身上，这是非常不明智的。他或许需要治疗，但你能怎么样呢？你指望他有所改变吗？如果天要下雨，你该怎么做呢？你可以打伞或打车，无论如何，想要打败甚至制服雨都是不可能的。现在你就好比在和风雨抗争，只是在浪费时间罢了。你以为这就表示你强大了吗？你可以战胜它们吗？事实刚好相反，你比其他任何人所受到的伤害都多。”我将他所有的问题都综合在一起，他对工作的犹豫、他产生自杀的念头、他离家出走、他失眠的症状，所有这些行为都说明了一个问题，那就是他通过惩罚自己来惩罚他父亲。

我给他一条建议：“今晚睡觉时，你就想着你会一次又一次地让自己醒过来，这样你就能在明天感到疲惫不堪，你无法去上班，你父亲就会大发雷霆。”我想让他认清事实，让他将目光注意到防止触怒父亲这件事上。如果不能使他停止这种行为，那么任何治疗就失去了应有的意义。我们知道，他是个被宠坏的孩子。

这种情况和前文所说的“俄狄浦斯情结”很相似。这名年轻人全身心沉浸在“伤害父亲”这个目标上，同时又极度依赖他的母亲。然而，这和性无关。他母亲宠爱他，父亲却对他漠不关心。他从小没有得到正确的教导和培养，所以对自身处境做了错误的解读。他的问题的出现，和遗传没有丝毫关系。这并非来自那些杀死部落酋长的野人的本能，而是来自他自己的亲身经历。任何小孩都可能做出这种行为，只要他有一个宠爱他的母亲和一个严厉的父亲，就和这个年轻人的情况一样。一个孩子在具备独自解决问题的能力之前，他就要反抗自己的父亲，由此可见，形成这样一种生活方式是多么容易啊。

第五章　梦

对梦的传统解析

虽然之前人们对于梦的阐释没有科学依据，但仍有值得借鉴之处，至少，它们能够显示人们过去是如何审视梦境的，也能显示过去人们对待梦境的态度。梦是人心灵活动的产物，如果我们仔细考察人们在梦中的期待，就有助于我们了解人们究竟想要什么。研究伊始，我们就发现：人们总是认为梦与未来存在某种不可分割的联系。在梦中，人们常常觉得神灵、仙人或逝去的先人可以操控人的心灵，特别是当人们遇到困难时，还会用梦境来指导自己的行为。

解梦的古书对梦做了各种各样的阐释，也一直认为梦和人们的未来存在着某种特殊联系。原始人会从梦中寻求各种预兆和启示。古希腊人和古埃及人常常前往神庙，祈求能做一个神圣的梦，希望神灵能在梦中给予他们指引或帮助。人们认为这种梦是治病祛邪的良药。美洲的印第安人为了得到梦的指引，常常利用斋戒、沐浴、赎罪等仪式煞费苦心地引梦。时至今日，仍然有人坚称自己做的梦能成为现实。他们坚信自己在梦中能洞察世事，相信梦能预示未来。

从科学的角度而言，这种观点实在是无稽之谈。从开始研究梦的那一刻起，我就清楚地知道，与梦中的人相比，那些头脑清醒、清楚知道自己处境及能力的人能更好地预测未来。然而，既然人类长久以来都认为梦和未来存在着某种联系，那这种观点就必然有它的合理之处，需要我们加以注意。我们对梦有所了解之后，便会发现其中的玄机，其实从一定程度上来讲，梦能够为我们提供一些我们求之不得的关键线索。

我们知道，人们常常认为梦能够提供解决问题的方法，这也可以理解为：人们做梦是为了寻找未来的出路， 但这并不意味着梦有未卜先知的功能。我们仍然需要自己去寻求解决问题的方法，以及探索从哪里能找出这个方法。显然，梦中得到的任何方法都不及我们深思熟虑后得出的方法更为适用。所以，事实上，做梦的人只是希望能够在睡梦中以轻松的方式解决他们的麻烦。

弗洛伊德学派的观点

弗洛伊德心理学派认为，梦是有科学性的，可以通过科学的方法来加以解读。但是，在很多方面，弗洛伊德关于梦的解读超出了科学的范畴。例如，他研究人的梦境时，事先假设人脑在白天和晚上是存在差异性的，将“有意识”和“无意识”看成两个对立面，认为梦境所遵循的规律和白天的思维规律截然不同。无论从哪个角度来看，这些观点都是缺乏科学依据的。

在古代哲人和原始人的思维中，我们也常常看到类似的倾向：将概念完全对立。这种对立思维或是二元思维在神经官能症患者身上表现得最为明显。这类人群普遍认为，左与右、男与女、冷与热、轻与重、强与弱是相互对立的。但是，从科学角度来看，它们并非对立的事物，而是可以互相转化的变体。它们犹如一把尺子上的刻度，只是排列在相应的位置上。当然，好与坏、正常与反常，也并不是真正对立的。那么，将清醒与睡眠、白天思维与梦中思维视作完全对立，这种观点自然也是不科学的。

弗洛伊德心理学派的另一个观点认为，应该将梦置于性的背景下来研究。这一观点同样是将人的正常活动和梦境割裂开来。我们假设弗洛伊德的这一观点是正确的，那么梦就不能表现人的整体性格了，而只能表现其中的一部分。弗洛伊德心理学派的学者也认为这个观点有失妥当，弗洛伊德继而认为，我们可以在梦中找到自身关于死亡的无意识表达。从某种意义上来说，这个观点是正确的。我们已经意识到，梦是个体寻求问题解决方法的一个捷径，而这也表明个体对自身能力的不自信。由此来说，弗洛伊德心理学派的术语过于隐晦，我们无从得知人的整体性格是如何投射到梦境之中的，而且梦境与现实生活再一次完全脱离。但弗洛伊德心理学派的观点中仍有许多值得借鉴之处。例如，弗洛伊德心理学派的观点给我们一个很有价值的提示：梦并不是最重要的，重要的是梦背后隐藏的深意。个体心理学中也有类似的观点。弗洛伊德心理学派忽视了科学心理学的先决条件——认识到个性的关联性以及个体在言行、思想、行为上的一致性。

这个遗憾也体现在弗洛伊德对于梦境解析的各种重要问题的解答中。比如，关于“我们为什么会做梦”以及“做梦的目的是什么”，弗洛伊德心理学派给出的答案是“为了满足个体未实现的愿望”，但这个答案并不能解释全部事件。例如，如果我们没有做梦，或是我们忘记了梦的内容，或是我们做了一个无法解释的梦，那么我们所谓的满足感又是从何而来？所有人都会做梦，却很少有人能读懂自己的梦。那我们从梦中又能得到什么快感呢？如果梦是和现实生活毫无关联的，而梦所带来的满足感也只作用于梦境，这或许可以让我们更懂得何为白日梦了。但如果这样解释，就无法将梦和个体联系起来，梦对于清醒的人而言，也便没有任何意义了。

从科学层面而言，人在做梦时和清醒时是同一个个体，人做梦的意义与其一贯的人格是一致的。但是，只有一类人，我们可以将他梦中要实现的愿望与他的整体性格联系起来，那便是被惯坏的孩子。他们常常会问：“我该怎样才能得到我想要的？我可以从生活中得到什么？”这种人可能会到梦中去寻求满足，就像他所有的言行一样，都是为了同一个目的。

我们深入研究弗洛伊德心理学派的理论便会发现，他的理论只适用于被溺爱的孩子，这些孩子认为自己的本性是不可被否定的，认为别人没有存在的必要，他们永远都在问：“我为什么要爱周围的人？他们爱我吗？”

心理分析学派以被宠坏了的儿童为研究对象，做了深入细致的研究。但是，追求优越感只是人类所有目标追求中的千万分之一，并非个体人格的全部体现。如果我们真正明白了梦的作用，就可以更易于解读那些令人费解的梦和已经遗忘的梦了。

个体心理学对梦的研究

25 年前，我刚开始着手探索梦的意义时，发现这是摆在我面前最棘手的难题。我意识到，人在梦中的生活与清醒时的生活并不对立，如果我白天为了实现某一目标而努力钻研，那到了梦境中，我也在思索着同样的问题。人们在梦中的目标与现实目标是一致的，因此他们在梦中也必须为了这个目标不断奋斗。所以，梦是个体生活方式的一种表现，并与之相适应。

强化生活方式

以下事实可以帮助我们了解梦的意义。我们夜里做梦，可早晨醒来，梦中的情形已经无影无踪，难寻痕迹。事实真是这样吗？我们真的一点印象都没有了吗？其实不然，我们将梦中的某种情感保留了下来。虽然梦中的图像已经消失，关于梦的理解也不复存在，但感觉久久萦绕。梦是引发这种情感的方式，而留下的这种感觉就是做梦的意义。

个体的情感与其生活方式是一致的。个体在梦中的思想与清醒时的思想并没有绝对的差异，两者之间没有严格的界限。简单概括两者差异的话，那就是，个体在梦中接触的现实比清醒时少，但并未完全脱离现实。我们即便是在梦中，仍然会接触到现实。如果我们白天被某些问题困扰，那么，即便是到了晚上，进入梦乡，这些问题也如影随形。我们即便是睡着了，也不会从床上滚落，这就说明，即便是在睡梦中，我们与现实的联系仍然存在。

为人父母者，在喧闹的街市上也能安然入睡，但会因为孩子最轻微的动作而惊醒。这就说明，即便是在睡梦中，我们与外界的联系依然没有切断。在睡梦中，尽管感官知觉从未缺席，但的确被弱化了，我们与现实的联系自然而然就少了。在睡梦中时，我们是独自一人，社会的要求所施予的压力不再那么沉重，我们面对周围的环境也不必那么诚实。

只有我们真正放松，并且对所面临的问题胸有成竹时，我们的睡眠才不会受到干扰。梦是安静睡眠的干扰源之一。因此，可以这样说：我们尚未将事情处理妥当以至于在睡眠时仍深陷困境、处在巨大压力之下时，我们才会做梦。

现在，我们要探讨另外一个问题，即我们睡眠时大脑是怎样面对问题的。梦中的我们不必应付所有的情形，所以问题看起来就较为简单，所得出的解决方法也不会苛求我们做出较大的调整。做梦的目的是支持和肯定个体的生活方式，并唤起与之相应的情感。那么，为什么我们的生活方式需要得到支持呢？什么可能会威胁到我们的生活方式呢？能够威胁到它的，是现实和常规。所以，做梦的意义就在于逃避常规的种种要求，进而捍卫原有的生活方式。这为我们提供了一个颇为有趣的视角。如果个体遇到了一个他不想按照常规方法解决的问题，就会通过做梦所引发的情感来坚定其所持的态度。

表面看来，这似乎与我们清醒时的生活相矛盾，可实际上并非如此。我们在梦中的情感与清醒时的情感仍然是一致的。如果一个人遇到困难，他不想按照常理解决，那么他就会找各种理由，从而为自身违背常理的做法进行辩解，来证明其选择的正确性。例如，一个人想一夜暴富，可他又不想为之付出劳动，也不想为社会做出贡献，那他就可能想到赌博这条捷径。他也明白，很多人因为赌博输得倾家荡产，但他想轻轻松松地博来万贯家财，过上舒适的生活，他会怎么做呢？他会想象自己通过投机取巧赚到了钱，买汽车，有巨款，成为旁人艳羡的大富翁。在这些幻想的激励下，他这种想法不断加深，最终付诸行动，违背常理，走上赌博之路。

日常生活中有很多类似的例子。我们工作时，如果有人告诉我们，一部戏剧是如何好看，那我们就很有可能对手头的工作心不在焉，而神游剧院。处于爱恋中的男女，也常想象未来的生活。如果投入了真挚的情感，那想象的必然是幸福美满的婚姻生活；如果他对对方没什么兴趣，他必然觉得未来一片迷茫。但无论如何，他都会激发相应的情感，我们可以通过他所激发的情感来判定他是哪种类型的人。

如果从梦中醒来，我们除了感觉，其余的什么都没有留下，那梦对常规又有什么影响呢？梦和常识是一对死敌。我们稍加留意便会发现，那些不被感情所蒙蔽、只依照科学办事的人，是很少做梦，甚至是几乎不做梦的。按常规做事是合作的一个侧面，没有经过正规训练的人是不愿按照常规办事的。这样的人常做梦，他们想将自己的生活方式强加于人，想逃避现实生活的挑战。

我们可以得出这样的结论：梦是个体在现实世界和生活方式间架起联通桥梁的尝试，以此来避免对生活方式做出调整。生活方式是梦境的制造者，它可以激发个体需要的情感。我们发现，梦中发现的所有性格特征和行为，都可以在个体的日常生活中得到佐证。无论做梦与否，我们处理问题的方式总是一以贯之，但梦可以为生活方式提供支持和辩护。

如果上述观点是正确的，那么我们就在理解梦的征程上迈出了全新而极其重要的一步，梦是一种自欺欺人的行为。每次做梦都是一次自我陶醉与自我催眠。做梦的全部意义在于创设一种心境，以便为面对某种现实情况做好准备。在梦中，我们的性格与日常生活中并无二致，却要为白天需要的各种感觉做准备。如果事实果真如此，我们便能从梦境的整体构造和运用手段上找到自我欺骗的成分。

我们发现了什么？首先，我们发现了如前所述的某种选择——画面、事件和表现等。人们回忆往事时，也会对记忆中的画面、事件加以筛选编辑。个体的选择具有倾向性，我们只选择那些符合我们人生目标的画面和场景。同样，在梦境的组织构建中，我们也只会选择那些与我们的生活方式相一致的素材，并且在梦中了解到，面对困难时，我们的生活方式对我们所提出的要求。这种选择的意义在于，它能够反映出现实困难与生活方式之间的联系。在现实困境面前，需要按常规办事，生活方式却坚决不肯让步。

象征和隐喻

我们梦中的素材是从哪里获取的呢？无论是遥远的古代，还是当今弗洛伊德心理学派的观点，都认为梦是由象征和隐喻构成的。就如一位心理学家所言："在梦中，我们都是诗人。"但是，为什么不用简单直白的语言来表达梦，而是要以隐喻和诗一般的语言来叙述它呢？答案很简单，如果我们直来直去，不用象征和隐喻，那就无法摆脱常规束缚。然而，隐喻和象征却可能被滥用，它们会将两种不同意义的事物联系起来，能够同时表达两种观点，而其中一种观点或许颇为荒诞。象征和隐喻的结果可能是不合逻辑的，我们常在生活中见到这种情况。例如，我们试图纠正某人的行为时，可能会说："别那么孩子气！"我们也可能会说："怎么哭了？难道你是女人吗？"我们使用隐喻表达情感，常会将两种毫不相关的事物联系起来。一个身材高大的男人，也许会这样训斥一个身材矮小的人："你就是条虫子，只配被人踩在脚下！"他使用隐喻来表达自己的愤怒之情。

隐喻是一种绝妙的表达工具，我们可能会利用它自欺欺人。荷马曾用夸张手法来形容希腊军队像雄狮一样横扫战场的壮观画面。如果你认为荷马真的是想详细描写那些满身污垢的士兵，那你就大错特错了。他只是希望我们将那些士兵想象成雄狮。我们知道他们不是真的雄狮，但如果诗人据实描写士兵们气喘吁吁、汗流浃背的样子，描述他们克服恐惧逃离险境的情景，述说他们的盔甲如何破烂不堪，以及无数诸如此类的细节，还会给我们留下如此深刻的印象吗？隐喻更便于造就美感、想象和幻想。然而，需要强调的是，如果象征和隐喻被生活方式有误的人所用，那将是十分危险的。

对于学生而言，考试是再寻常不过的，他只需鼓起勇气面对就可以。但如果他存有逃避的想法，那他就很有可能梦到自己在战场厮杀。他将如此简单直白的事情用隐喻的方式表达出来，于是便觉得有足够的理由来逃避现实。或许，他还会梦到自己站在悬崖边，必须往回跑，否则就很有可能掉下去。他设法产生这样的情感来逃避考试，所以他会说考试就像站在悬崖边一样可怕，以此来自欺欺人。同时，我们发现人在梦中常常将问题大事化小，只留下一部分，将其余部分用隐喻的方式表达出来，并将它作为原本的问题进行处理。

例如，一个有勇气且对学习有把握的学生，他想完成学业、通过考试，不过他仍然希望获得他人的支持与肯定，好让自己可以更加放心——这是他的生活方式所需要的。在考试前夕，他可能会梦到自己站在高山之巅。他所处的场景被大大简化，他的生活环境只显现出了很少的一部分。于他而言，考试固然是件大事，可他只专注于自己所期望的成功之上，不去考虑其他方面，只激发出了对自己有益的情感。第二天起床时，他会觉得心情舒畅，头脑清醒，信心十足。他成功地将自己必须面对的问题化解到最小，可尽管他安慰了自己，这实际上也是一种自我欺骗。他没有按照常规办事，只是激发了某种情感，进入自信的状态。

这种激发自信情感的事例随处可见。如有人想越过一条小河，在跳之前，他往往会默数三下。难道数数真的那么重要吗？越过小河这种行为和数到三有什么必然联系吗？其实两者之间没有任何联系，只是数数能够激发自身的某种情感，让自己做好准备，聚集力量而已。我们头脑中已经构建了某种生活方式，如果想要强化它，聚集力量，激发情感是一个很好的方法。我们不分昼夜地专注于此，但它们在梦中或许表现得更为清晰。

下面，举一个例子来说明我们是如何用做梦来欺骗自己的。一战期间，我在一所专治战争恐惧症的军队医院任院长。遇到那些无法适应战场生活的士兵时，我总是给他们布置了一些简单的任务，以此减轻他们的压力。一天，一个士兵来找我，他是我见过的最健壮的人之一，却十分低落。我给他做检查时，不知如何才能帮助到他。我想送所有患病的士兵回家，可我的治疗建议书要经过上司的审核，而且我的仁慈也有限度，不能顾及战场上的全部士兵。对于这个士兵，我有些难以确定他的病症，但我还是告诉他："你患有战争恐惧症，但你健康强壮。我可以给你安排些简单的工作，这样你就不用去前线了。"

这个士兵听闻自己不能回家，十分失望，说道："我只是个穷教师，靠教书养活父母。如果我不教书，他们会饿死的。"我原本打算送他回家，给他找份办公室工作，可我又担心，如果那样填写治疗建议书，会激怒我的上司，反而会害他被送回前线。最后，我尽己所能，出具了他只适合从事警卫工作的证明。那晚回到家，我做了一个噩梦。我梦见自己成了杀人犯，在幽暗而狭长的街道里狂奔。我拼命回想自己杀了谁，可无论怎样，我都想不起来，只是感觉到："我的确杀人了，我这辈子算是完了。我的生命即将终结，一切都结束了。"在梦中，我停了下来，呆呆地站立着，整个人筋疲力尽。

梦醒后，我的第一个念头就是："我杀了谁？"然后我猛然想起："如果我不给那个年轻士兵谋求一份办公室工作，那他很可能被送往前线丢掉性命，那到时我就真成杀人凶手了。"此时，大家应该明白了，我是如何激发自己的情感，进而欺骗自己的。事实上，我没有杀人，即便是我担心的最坏的结果真的发生了，那也不是我的原因，但我的生活方式不允许我冒这个险。我是个治病救人的医生，不是杀人凶手。我提醒自己，如果我为他谋求一份办公室工作，我的上司很可能反倒会将他送往前线，那样结果就更糟了。因此，我如果想帮他，唯一能做的便是遵守常规，而不能被自己的生活方式干扰。因此，我出具治疗建议书，证明他只适合从事警卫工作。事实证明，遵循常规是明智之举。上司看了我的治疗建议书，在上面画了一条线，我心中暗想："糟了，现在他要被送往前线了，我应该开具一份适合办公室工作的诊断书给他。"哪料，上司批道："军事机关工作 6 个月。"

后来我才发现，我的上司已经收受了贿赂，原本就打算对那个士兵高抬贵手。那个年轻人从未教过书，他跟我说的每个字都是假的。他编造这样的故事，期望我能给他安排一份轻松的工作，然后那位收受了贿赂的上司就可以直接批准我的治疗建议了。从那以后，我想我还是不要再理会梦境了。

梦是用来麻醉和欺骗我们自己的，要理解梦不是一件容易的事。如果我们都理解了梦的含义，便不会再被梦所愚弄，那梦也就不再具有唤起感觉和情绪的力量。我们应该将梦搁置一旁，仍然按照常规办事。如果我们可以解释梦境，那么梦就丧失了存在的意义。

梦是联系现实问题和生活方式的桥梁。但生活方式本应和现实生活直接衔接，而不是通过梦来强化。梦是多种多样的，每个梦境都能揭示出个体在面对某种情境时生活方式中的薄弱点。所以，梦的解析要因人而异，我们不能像套用公式那般解析梦境。如果要问我梦境到底有几种类型，我也无法给出确切的答案，我能做的只是让众人大致了解梦的普遍意义而已。

常见的梦

许多人都曾梦见自己会飞。与其他梦一样，这样的梦也是为了激发某种情感。飞翔的梦会带给人一种轻松愉快、勇气充溢的感觉，让人的心情由低沉变高涨。这样的梦境将克服困难、追求优越感描绘为一件轻而易举的事。因此，这样的梦让我们可以把自己想象成是志向远大、高瞻远瞩、勇敢无畏的人，即便是在睡梦中，也没有忘却自己的志向。这样的梦也暗含了一个问题：“我是该继续向前，还是就此止步？”而梦境隐藏的答案是：“我的前途一片光明。”

许多人也做过跌落的梦。这是需要注意的，因为这个梦境表明个体心灵上更倾向于自我保护和害怕失败，而不是去努力克服困难。如果我们平时总习惯性地教导孩子要小心，保持警惕，那就很容易理解这种梦境了。家长常警告孩子:“不要爬到椅子上去！不要碰剪刀！离火远一点！”他们总是被这些尚未发生的危险包围着。当然，现实生活中确实存在着这样那样的危险，但如果孩子被家长锻炼得胆小如鼠，那他就很难应对真正的危险。

如果我们梦到自己动弹不得或是赶不上火车，梦中的含义通常是：“如果不费力气就能解决问题，那该多好呀！所以我要绕道走，到得晚一点，就不用再面对这类问题了。”

许多人也常梦到考试。有时，我们会惊讶地发现，自己已经老大不小了，却还梦到要参加考试，或是梦到自己不得不考过一门明明在许久以前就已经成功过关的科目。其实，对于有些人而言，这个梦暗示着：“你还没有准备好面对眼前的问题。”而对于另外一些人，这个梦的含义可能是:“你以前曾经通过这门考试，但你必须接受眼前的考验。”同一件事带给人的象征意义可能是不一样的。对于梦，我们考虑的主要是它带给我们的情感及其与我们的生活方式之间存在的关系。

案例 1:

我曾经治疗过一个 32 岁的神经官能症患者。她是家里的第二个孩子，与许多排行老二的人一样，她雄心勃勃，事事想争第一，想完美地解决任何问题。她来找我时，精神上几乎已经崩溃了。

她爱上了一个比她年长很多的已婚男人，这个男人生意失败了，且无法离婚。她做了这样的梦：在乡下时，她将公寓租给了一个男人，那个男人搬进来不久就结婚了，可付不起房租，他不诚实，并且懒惰，所以，她将那个男人赶走了。

我们一眼就能看出这个梦与她的现实问题有很大的联系。她正在犹豫自己要不要嫁给一个事业受挫的男人。那个男人很穷，无法养活她。有一次，他邀请她共进晚餐，却没钱付账。这个梦激发了她抗拒婚姻的情感。她心比天高，自然不愿一生跟随一个穷困潦倒的男人。她用隐喻来问自己：“如果有人租住我的房子，却付不起房租，我该怎么办？”她的答案是“他必须搬走。”

当然，那个已婚男人并非她的房客，两者不能等同看待，养不了家的男人和付不起房租的房客毕竟是两码事。她为了解决自己的问题，为了顺应自己的生活方式，得出这样的结论：“我绝不能嫁给他。”由此可见，她没有按照常规思考问题，只选出其中的一小部分加以处理。她将爱情和婚姻大事最小化，仿佛问题简单到用一个隐喻就能表达：“有人租住我的公寓，他付不起房租，就必须滚蛋！”

个体心理学的治疗方法一直致力于提升个体面对生活的勇气，所以在治疗过程中，个体的梦境会发生变化，慢慢朝着积极方向发展。

案例 2：

一个抑郁症患者在即将结束治疗时，做了这样一个梦：“我独自坐在长椅上，突然下起了暴雨，我侥幸避开，没被淋到，很快跑进屋里，和我丈夫待在一起。后来，我在报纸的广告栏里帮他找到一份合适的工作。”这个患者自己就能理解梦的含义。这表明，她和她丈夫和好如初了。最初，她总是埋怨丈夫软弱无能，事业无成，连养家糊口都成问题。而通过这个梦，她懂得了与其独自面对危险，不如和丈夫待在一起。她的结论是正确的，可她与丈夫和解、维系婚姻的背后，隐藏着亲戚们苦口婆心的劝告。她过于强调独处的危险，尚未做好准备与丈夫建立起勇敢而独立的合作关系。

案例 3：

我还接待过一个 10 岁的小男孩。学校的老师说他劣迹斑斑，总是心怀不轨，以致同学们都不敢招惹他。他将从学校里偷的东西放到其他同学的课桌里，来诬陷他人。这种现象只有在别人低估他时才会发生，意在证明卑劣恶毒的是其他人而不是自己。如果这就是他的处事方法，那我们完全可以猜测，他是受了家庭的熏陶，有家人向他灌输了这种不良思想。这个 10 岁的孩子曾因在大街上向一名孕妇扔石头而招惹麻烦。他这个年纪的孩子，应该已经明白了怀孕的意义。我们在怀疑他讨厌孕妇之前，还要看看他是否有弟弟或妹妹，或许是他们的降生让他感到不舒服。在老师眼里，他是个害群之马，总是骚扰其他孩子，出口伤人，搬弄是非。他还会欺负小女孩，我想他家中很可能有一个和他存在竞争关系的妹妹。

后来，我们了解到，他是家中的长子，有一个 4 岁的妹妹。他母亲说他对妹妹很好。这一点出乎我们的意料，像他这样的孩子怎么可能爱他的妹妹呢？我们的怀疑是否正确，有待考察。接下来的事情果然证明我们的判断是正确的。他母亲还声称自己和丈夫关系非常融洽。对于这个孩子而言，这的确令人遗憾。显然，既然父母不是造成他现在种种问题的原因，那么这个孩子的邪恶或许源于他顽劣的本性——他的坏是天生的，或许与某位遥远的祖先有关。

在分析案例时，我们常遇到这样的例子：父母优秀，孩子却十分糟糕。教师、心理学家、律师、法官都常常遇到这样的案例。实际上，那些看似美满的婚姻常常给这类孩子带来严重的问题：孩子看到母亲更为关注父亲，便会心生怨恨。他想独享母亲的关爱，讨厌母亲对其他任何人表现关心。美满的婚姻对孩子的成长不利，不幸的婚姻会对孩子的成长更为不利，我们该怎么做呢？我们必须从一开始就培养孩子的合作精神，必须避免孩子只依恋父母中的某一方。案例中的男孩其实也是一个被宠坏的孩子，他想夺得母亲的全部关爱，想吸引母亲的注意力，一旦他觉得没有得到足够的关注，就会故意制造麻烦。

这里，我们的猜测得到了证实。案例中的母亲从未打骂过孩子，这样的事情一般都由父亲来做。她也许认为自己过于软弱，只有男人才能发号施令，实施惩罚措施。或许她害怕失去孩子的依恋，想要保住这种依恋。可是，无论从哪个方面来讲，母亲的做法转移了孩子对父亲的兴趣，使父子间失去了合作的机会，父子间的矛盾由此产生，摩擦也越来越多。我们还听说，父亲原本是个爱家的好男人，可是因为儿子的原因，甚至已经开始害怕回家。

他对男孩很严厉，经常打他。我们被告知，男孩并不怨恨他的父亲。这几乎是不可能的事情——这个孩子又不是傻子，他只不过是将自己的真实情感掩藏起来了而已。

他爱他的妹妹，可无法与之和平相处，经常打她耳光或踢她。每天晚上，妹妹睡在父母房间的儿童床上，而他则只能睡在餐厅的一张沙发床上。站在男孩的立场想，我们会和他一样，肯定会对父母房间的儿童床不满。我们努力站在男孩的立场来思考、感受、理解，便会懂得，他是多么想成为母亲关注的焦点，可每到晚上，妹妹总是能更亲近母亲。他必须想方设法去靠近母亲。男孩是顺产，身体健康，吃了 7 个月母乳。他的胃不怎么好，第一次用奶瓶吃奶就吐了，这个魔咒直到他三岁才被打破。如今，他饮食正常、身体强壮，可是他仍然担心自己的胃。他觉得胃是自己的一个弱点。现在我们明白他向孕妇扔石头的原因了。他很挑食，家里的饭菜稍不合口味，母亲就会给他钱，让他去买自己喜欢吃的东西。可是，他却常常向别人诉苦，说父母没让他吃饱。他惯用的方法就是通过贬低别人来获得优越感。

现在，我们就可以解读他在诊所里提到过的一个梦了。他说："我是个西部牛仔，他们把我送到了墨西哥，我必须拼出一条血路，好杀回美国去。有个墨西哥人想阻拦我，我狠狠地朝他的肚子踹了一脚。"这个梦传达的情感是，我四面楚歌，必须挣扎奋斗才行。在美国，牛仔常常被人们视为英雄，而这名男孩认为欺负小女孩或是踢别人肚子就是英雄该有的行径。我们了解到，在他的印象中，胃是个致命部位。他的胃肠不好，他父亲也有神经性胃病，并且始终没有治愈。所以，在这个家庭中，胃肠占据着举足轻重的地位，他踢别人肚子，是想攻击别人的弱点。

从他梦中及现实中的行为，我们可以看出他的生活方式。他生活在梦里，如果我们不把他从梦境中唤醒，那他将一直保持这样的生活方式。他不仅会抵抗父亲，打他的妹妹或小伙伴（尤其是女孩），甚至还要和企图阻止他行为的医生作对。梦境激励他坚持自己的行为，做一个英雄，征服别人。除非让他意识到自己是在自欺欺人，否则任何治疗都无济于事。

在诊所中，我们为他解析了他做的那个梦：梦中的他生活在一个充满敌意的环境里，每个想阻止他、惩罚他的墨西哥人都是他的敌人。

等他第二次来诊所时，我问他："我们上次见面后，你觉得你有什么变化吗？"

"我是个坏孩子。"他回答道。

"你做了什么？"我问。

"我欺负了一个比我小的女孩。"

这并不是认错，而是一种吹嘘和攻击行为。这里是诊所，我们都在竭力帮他，可他仍旧坚持当一个坏男孩。他还说："不要指望我有任何改善，我照样会踢你们的肚子！"我们该怎样帮助他呢？他仍沉浸在自己的梦中，认为自己是个英雄。我们必须消除他从这个角色中获得的满足感。

我们问他："你认为英雄会去欺负一个比自己弱小的女孩吗？这是英雄该有的行为吗？如果你是个英雄，就应该去和身强力壮的女孩争斗，或者，你根本就不该去追赶女孩子。”这只是治疗的一部分。我们必须打开他的眼界，使他不再执着于原有的生活方式。德国有句谚语说：“往他的汤里吐口水。”用这种办法，是想让他放弃那碗汤。治疗的另一部分是要使他鼓起勇气与人合作，使他能够以一种有益于社会的方式探寻人生的意义。有社会责任感的人是不会做违背社会道德的事的，除非他害怕失败。

案例 4：

有位 24 岁的单身女子，从事秘书工作。她向我抱怨，说无法忍受老板专横跋扈、傲慢无礼的处事风格，除此之外，她还觉得自己没有真正的朋友和友谊。从以往经验得知，如果有人无法获得友谊，那多半是因为他控制欲过强，总想表现自己，从而炫耀自己的优越感。案例中的女子和她的老板可能是一种人，都想控制别人。这样的两个人碰到一起，自然会出现问题。这个女孩家有 7 个兄弟姐妹，她是最小的一个，深受家人宠爱。她有个昵称叫“汤姆”，因为她总希望自己是个男孩。这加深了我们的怀疑，她为自己定下的优越目标就是控制别人，也许她潜意识里认为男人可以控制他人，并且不受他人控制。

她人长得漂亮，却总认为别人只是因为她的美貌才喜欢她，所以很怕受伤或毁容。她十分明白，在当今社会，漂亮的女孩更容易给人留下深刻印象，更容易控制他人。但是，她想变成男人，像男人那样掌控一切。所以，她反而不过于关注自己的容貌了。

在她的早期记忆中，她曾受到一个男人的惊吓，时至今日，她仍然害怕自己遭到抢劫或袭击。一个有男性化倾向的女孩，居然害怕遭到抢劫或袭击，这着实令我们感到不解。但仔细想想，便觉得没什么稀奇了。正因为心中有这样的恐惧，她才想置身于自己能掌控的环境中，而排斥其他环境。她没有办法控制盗贼和袭击者，所以就想将那些人统统消灭。她想轻松变成男人，可这个目的实现不了，她就将责任推卸到环境上。人们将不满女性角色的现象称为“男性钦羡”（masculineprotest）。她还感慨道：“我是一个正在为身为女性的种种不利而努力抗争的人。”

接下来，我们要看看她梦中的情感与现实的情感是否相似。在梦中，她常常孑然一身。她是个备受宠爱的孩子，她的梦显示：“我需要他人的关心照顾，我一个人时没有安全感，别人会袭击我、控制我。”她还经常梦见自己丢钱包。这样的梦意味着她在提醒自己：“小心点！你可能丢东西。”她不希望失去任何东西，特别不想失去对他人的控制权。这又是一个通过梦中情感来强化生活方式的案例。现实生活中，她并没有丢失过钱包，可梦中却经常发生这样的事，这种感觉被保留了下来。

这个女孩还有一个较长的梦，能帮我们更清楚地了解其生活方式。她说：“我梦到自己在游泳池游泳，那里有很多人，我站在别人的头顶上。我似乎有种感觉，有人已经知道我站在他们的头顶上了，如果他尖叫出声，那我就很可能因此摔下来。”如果我是雕塑家，就会以这种方式雕刻她的梦境：她站在他人的头顶上，将他人视为自己的踏板。其实，这也体现了她的生活方式，体现出她想要唤起的那种情感。然而，她认为自己所处的位置岌岌可危，认为其他人也都应该意识到她的危险，并且应该帮助她，好使她得以继续站在他们的头顶上。

她觉得在水里游泳也不够安全。这就是她全部的故事，她的心理目标是“女儿身，男儿心”，她和其他排行老幺的孩子一样，志向远大，但她只想让别人看到她有多优秀，却不想为此肩负应有的负担，她一直将自己置于焦虑和惶恐的情绪中。要帮助她，就必须找到一种方式，让她甘心做一个女人，而不是崇尚男性，并且要让她学会平等待人。

案例 5：

有个女孩，在她 13 岁时，弟弟因为意外夭亡。她对弟弟的最初记忆是：“我弟弟还是个婴儿，正蹒跚学步，有一次，他扶着椅子想站起来，结果椅子倒了，砸在他身上。”这是另一次事故，我们可以看出，她对世界上的危险怀着深深的恐惧。她说：“我常常做一个很奇怪的梦，我走在大街上，那里有一个坑，而我根本没发现，结果我掉了进去。坑里积满了水，我一碰到水就马上惊醒过来，可仍吓得心跳加速。”

我们并不觉得这个梦有什么奇怪之处，可她却总因此被吓醒，这个梦对她而言，是神秘的、不可理解的。这个梦是在暗示她：“小心点，生活中有很多未知的危险。”但是，这个梦透露给我们的信息远不止这些。如果你没有身居要位，那就不用担心掉下来；如果你担心掉落，那一定是你想站得比别人高。所以，就如同上一个案例，她的意思其实是：“我地位很高，我必须小心翼翼地，以免掉下来。”

案例 6：

从下面这个案例中，我们能够发现，早期记忆和梦中情形是受个体的生活方式支配的。一个女孩告诉我们："我记得以前很喜欢看别人盖房子。"我们据此可以猜测出，她是个具有合作精神的人。因为一个小女孩是不可能亲自参与盖房子的，通过她的兴趣可以看出，她喜欢与人一起分担工作。"我那时还是个孩子，常常站在很高的玻璃窗前，至今我仍然记得那些玻璃窗格，就好像刚刚看到过一样。"如果她注意到窗户很高，她脑海中就必然有了高低对比，她其实想说的是："窗户很大，而我很小。"她说自己很小，这没什么可奇怪的，正因为如此，她才会对大小那么敏感。她说自己至今仍然记得那些窗格，这应该只是一种吹嘘。

我们再来看看她的梦。她说："我和几个人坐在汽车里。"正如我们的推测，她是个有合作精神的人，喜欢和别人在一起。"我们一直往前开，停在一片树林前。大家跳下车，跑进树林里。他们都比我高大。"她再次注意到了大小差异。"但我还是追上了他们，跟着他们一起上了一部电梯，下降到一个约有十英尺（约三米）深的矿井里。我想，如果我们不出去的话，肯定会闷死在里边。"现在，她在描述一种危险情况。人并不是毫不畏惧的动物，很多人惧怕危险的到来。但是，她继续说："我们都安全地走出了电梯。"从这里，我们可以看出她很乐观。如果一个人乐于合作，那么他通常是勇敢、乐观的。"我们在那里待了一会儿，然后就坐着电梯回到地面了，接着就跑回了车里。"我确信，这个女孩有足够的合作精神，但始终有个念头困扰着她——她总觉得自己应该再强大一些。从她身上，我们可以发现某种紧张情绪的存在，如她常常踮着脚走路一般。但是，当她与人合作时，这种紧张情绪会得到缓解。

第六章　家庭的影响

母亲的角色

从出生开始，孩子所有的行为都是为了和母亲建立起某种联系。在最初的几个月里，母亲在婴儿的生命中扮演着无法替代的重要角色，他们几乎完全依赖母亲。正是在这种情况下，孩子的合作能力第一次得到发展。母亲是孩子最先接触的人，是他们在自身之外最感兴趣的人。母亲是孩子与社会生活之间的第一条纽带。一个孩子如果无法与母亲（或者是其他代替母亲角色的人）建立联系，那么他必将无法生存下去。

事实上，孩子和母亲建立的这种亲密关系影响十分深远，以至于我们在以后的日子里，无法分辨出应该将孩子的哪些特征归结为遗传因素。每一种来自遗传的倾向都可能在母亲的影响下发生改变。孩子的一切潜能都受到母亲的影响。所谓母亲的技巧，一般而言，就是母亲与孩子合作的能力，以及她说服孩子与自己展开合作的能力。这种能力没有固定的模式。每天都会出现新情况，母亲必须通过自己的观察和理解来满足孩子方方面面的需求。只有母亲真正关爱自己的孩子，全心全意想赢得孩子的喜爱，并尽全力保障孩子的利益时，她的技巧才充分发挥出来。

通过母亲的一言一行，我们能看出她的态度。母亲有各种与孩子建立亲密联系的机会，如抱孩子、和他说话、给他洗澡、喂他吃饭等。如果一位母亲不熟悉这些事务，或者对这些事务没有兴趣，就会显得很笨拙，孩子就会抗拒，很难对她产生兴趣。以洗澡为例，如果母亲没有学会如何给孩子洗澡，那么孩子便会将洗澡当作是件不愉快的事情。这样，母子间的关系就难以和谐，孩子会想方设法远离母亲。所以，母亲哄孩子入睡，她发出的任何声响以及做出的所有动作，都是讲究技巧的。母亲既要懂得照顾孩子，又让他学会独处，还要为孩子考虑空气、室温、营养、睡眠、生理习惯、卫生状况等各方面因素。她时刻都可能让孩子喜欢或是讨厌她，愿意与她合作，或是抗拒这种合作。

其实，为母之道并没有什么秘密可言，任何技巧都是兴趣和练习的结果。人在很小的时候就开始了做母亲的准备。比如，从女孩对弟弟、妹妹的态度上就能看出这一点，她对婴儿十分喜爱，对未来的使命有天然的兴趣。家长对于女孩和男孩的教育态度应该有所差别，因为他们未来要承担不同的职责。要想一个女孩以后成为一名合格的母亲，那么应该从小培养她的为母之道。要让她主动接受母亲这个角色，让她感受做母亲的乐趣和意义，而不是在那一天到来时满心沮丧，感到失望。

但不幸的是，人类文化并不十分尊重母亲的地位。比如重男轻女思想的存在，男性拥有较高的社会地位，女性自然不喜欢她们未来的使命，因为没有人愿意处于从属地位。她们对结婚生子心存抵触，即便结了婚，也并不想生孩子。对于这件事，她们不抱任何期待，更没有将做母亲看成是充满乐趣的创造活动。

这是一个很大的社会问题，却很少有人探索解决办法。人类社会的发展与女性对于成为母亲这一角色所持有的态度息息相关。无论何时何地，女性在生活中的地位都不应该遭到贬低，更不应该被看作低人一等，可现实情况恰恰相反。我们甚至发现，即便是在孩童时期，男孩们也会将做家务视为仆人的工作，他们认为做家务有损脸面。人们总是不把做家务视为女性的贡献，而认为她们理当承担这份苦差事。

一个女人如果对做家务和持家有浓厚的兴趣，并且认为自己的行为能改善家人的生活，那么她就会认为做家务和世界上其他任何工作一样重要。反之，一个女人如果认为做家务是下人干的活，认为做家务是身份低微的表现，那她自然就会厌烦这项工作，努力设法证明一个本应是显而易见、理所应当的事实，那就是——男女平等，女人应该和男人一样发挥潜力，应该得到相同的待遇。但是，个体的潜力是通过社会责任感激发出来的，如果不对女性的个人发展横加干预的话，女性将在社会责任感的引领下，找到正确的前进方向。

如果低估了女性的作用和价值，那么婚姻幸福就无从谈起。一个女人如果认为养育孩子是一份卑微低下的工作，那她就不会全身心地呵护、照顾孩子，更不用说有技巧地与孩子交流沟通了。但孩子的人生要想有个好的开端，这些恰恰是必需因素。一个女人，如果她对自己的角色感到不满，生活目标不同于一般女性，那她就很可能将孩子和家庭看作束缚和累赘，她常常会只专注于争取个人的优越感。在很多失败案例中，我们都能看到，母亲没有充分履行她的职责，没能给孩子一个良好的人生开端。如果所有的母亲都不满于自己的天职，都对自己的孩子缺乏兴趣，那么整个人类的发展都将陷入危机。

但是，我们不能将这种失败完全归咎于母亲——因为她可能受到很多事情的约束。例如，有的母亲未受过正规的训练，不知道该如何培养孩子；有的母亲可能婚姻生活并不幸福，郁郁寡欢；有的母亲可能对周围的环境充满忧虑，甚至是陷入绝望而无法自拔；有的母亲身体状况不佳，她满心希望与孩子交流、沟通、合作，却心有余而力不足；有的母亲经济状况不佳，甚至连衣食住行都无法保障。

其实，孩子的行为并不是由他们的经历决定的，而是取决于他们从人生经历中得出的结论。我们对问题儿童进行调查研究发现，这类儿童可能和母亲矛盾重重，可是我们同样发现在那些正常孩子身上，也存在这样的矛盾，只是他们处理得更好。此刻，让我们再次回到个体心理学的基本观点上来，即个体的性格发展并不是由固定原因造成的，孩子可以利用自己的人生经验去实现某个目标，而正是这些人生经历促使他们形成了特定的人生观。我们不能说有心理问题的孩子就一定会成为犯罪嫌疑人，我们还要看他们从各自的人生经历中得出了怎样的结论。

但是，显而易见的是，一个女人如果对母亲这个角色不感兴趣，那她和孩子都将面临很大的麻烦，承受巨大的压力。母亲的本能是如此强大，研究结果显示，母亲保护孩子的本能超过了任何驱动力。即使在动物的世界里，猩猩和老鼠的母性本能也比性欲或饥饿感的驱动力大。因此，母性的本能胜于一切。

这种动力与性无关，而是源自合作精神。母亲常常将孩子视作自身的一部分，有了孩子，她才认为自己是一个整体，才能真正感受到主宰生命的力量。我们几乎能从所有母亲身上发现这种情感，只是程度不同而已，即便她的孩子被认为是件作品。我们还可以说，她甚至觉得自己就像是个造物主，看着一个小生命从无到有。渴求成为母亲是人类追求优越感的一个侧面，是人类力图贴近神的目标的一种体现。这个简明的例子诠释了我们是如何遵从内心最真挚的情感的召唤，进而服务于社会和人类的。

有的母亲将孩子看得过重，逼迫孩子完成她未能完成的使命。她想方设法使孩子依赖她，完全受制于她，以此来将他们绑在自己身边。在此，我想以一个 75 岁的农妇为例：她的独生儿子已经 55 岁了，还是和她生活在一起。后来，母子俩同时患上肺炎住院。之后，母亲痊愈，独生子却不治身亡。母亲得知噩耗，说道："我就知道，我没法将这个孩子平安带大。"这位母亲，认为自己应该为孩子的一生负责，却从未想过让他独立生活，成为一个真正的社会人。我们可以想象，一个母亲如果不能将母子关系进行延伸扩展，引导孩子与他人合作，那将是多么可悲的事呀！

实际上，母亲和外界的关系也十分复杂，她不应过于强调与孩子之间的关系，这是为了孩子好，也是为了她自己好。这是因为，如果过分强调某一个问题，往往就会忽视其他问题。其结果往往是：这个被赋予了太多关注的焦点问题也无法得到有效解决。

母亲与配偶、孩子及整个社会都存在着某种联系，这三种联系是同等重要、缺一不可的，都需要我们冷静对待。如果母亲只注重与孩子的联系，就难免过于溺爱孩子，容易让孩子失去与他人合作的能力。成功建立起与孩子的联系后，母亲的下一个任务就是促使孩子建立起与父亲的联系。可是，如果这位母亲本来就对孩子的父亲没什么兴趣，那她是很难完成这项任务的。此后，母亲还要帮助孩子与周边的人建立联系，如家里的其他孩子、亲戚朋友等。所以，母亲肩负着双重责任：首先，她必须最先成为孩子可以信赖的人；其次，她必须将这种信任和友谊拓展开来，直至延伸到整个社会。

如果一个母亲只是让孩子对她自己感兴趣，这个孩子以后将很难接受，甚至抵触和他人接触。他将永远依赖母亲，对任何他认为可能分散母亲注意力的人心怀敌意，哪怕那个人是他的兄弟姐妹或是自己的父亲也不行。久而久之，这个孩子会形成这样一种观念："母亲是我一个人的，你们无权分享她的爱。"

然而，现代心理学对此存有误解。以弗洛伊德心理学派为例，他提出了"俄狄浦斯情结"，认为男孩有爱上母亲的倾向，希望和她结婚，甚至痛恨自己的父亲，有想杀死他的倾向。如果我们真正了解孩子的成长历程，就绝不会有这种观点。那些想博得母亲关注而排斥他人的孩子，他们存在恋母情结，与性无关。他们只是想完全操控母亲，让她成为自己的仆人，不希望任何人与自己分享。这种现象只出现在被母亲宠坏了的孩子身上，他们认为除了母亲，自己不可能与其他任何人建立起良好的关系。

在一些孤独症的病例中，男孩们只和母亲保持着良好的联系，所以他们也将母亲看成自己恋爱、结婚的对象。而这只能说明，在他们心目中，除母亲之外，没有人能对他们言听计从，他们无法与其他人进行良好的合作。所以，所谓的“俄狄浦斯情结”，只不过是错误的养育方法导致的人造产物，不能将其归结为与遗传有关的近亲婚配，或是认为这种异常的根源在于性欲。

一个被母亲束缚在身边的孩子，一旦脱离母亲，就会出现问题。比如，他上学或去公园与其他孩子一起玩耍时，仍要以与母亲在一起为目标。他讨厌离开母亲，总想永远把母亲拖在自己身边，想让母亲全身心地关注自己。他有许多方法来实现这一目的。比如，他可以是母亲的乖宝宝，一副柔弱的样子，惹人爱怜。母亲不满足他的心愿时，他可以大哭或装病，意在告诉母亲，他是一个需要被人照顾的孩子。他还可能大发脾气，和母亲吵架，以引起母亲的关注。这些孩子几乎都被母亲惯坏了，他们千方百计赢得母亲的关注，同时拼命拒绝和外界的联系。

有一种荒谬可笑的观点认为，纠正这种错误，最好的办法是将孩子带走，由保育员或是相关机构负责照顾孩子。要想找到母亲角色的替代者，就必须找到一个能肩负起母亲职责的人——她得像母亲一样，对孩子充满兴趣。事实上，在孤儿院长大的孩子，往往对他人缺乏兴趣，这是因为，没有人为这些孩子和他人建立交往的桥梁。相比之下，还不如训练孩子的亲生母亲见效快。

曾经有人对收容所的孩子展开调查研究。让保育员或修女单独照顾一个孩子，或将孩子放到某个家庭中寄养，让他和养母的孩子们一起成长。调研结果表明，只要孩子的养母选择得当，这些孩子的成长情况就会大为改善。出现问题的儿童多半是孤儿、私生子、弃儿或出自单亲家庭，如果我们把孩子从父母身边带走，那么最好的方法就是找到可以替代他们亲生父母的人，使他们过上正常的家庭生活。由此可知，对于孩子而言，母亲的关爱是何等重要！

众所周知，继母难当，丈夫前妻的孩子经常会与她为敌。但是，也并不是没有解决办法，有很多继母就做得非常好。孩子在失去母亲后，往往将注意力转向父亲，期望能从父亲那儿得到关爱。可继母出现后，孩子便会觉得父亲的宠爱被继母瓜分了，因而痛恨并对抗继母。可很多继母不了解这种状况，她们往往对孩子的敌意发起反击，这势必会引发孩子们更激烈的反抗。任何与孩子对抗的战斗终究会是一场失败的战斗，因为即使孩子失败了，他们仍然可以拒绝与你合作。所以，在这种斗争中，最后的胜利者往往是弱小的一方。孩子们不想合作，你却偏要他们配合，自然难有收获。如果意识到关爱和合作永远不可能通过暴力强行获取，那么这世界便会减少许多无谓的压力和努力。

父亲的角色

在家庭生活中，父亲的作用和母亲同等重要。最初，孩子和父亲的关系不如和母亲的关系亲密，但在以后的生活中，这种关系会渐渐发生变化。我们已经讲过，如果母亲不将孩子与她的关系延伸到包括父亲在内的他人身上，那将是十分危险的。这样的孩子在以后的生活中将遇到一系列的阻碍。对于孩子而言，不幸福的家庭也是十分危险的。或许，母亲认为孩子只属于她一个人，根本不想将孩子的父亲纳入家庭生活之中；或许，孩子只是父母战争中的一枚棋子，他们都想让孩子依附自己，希望孩子爱自己胜过对方。

存在矛盾的夫妻总是形成对峙，他们很喜欢比较谁更疼爱孩子，谁更能掌控孩子。如果孩子得知了父母之间的分歧，他就可能巧妙地利用这种矛盾为自己谋利。在这种环境下长大的孩子是不可能有合作精神的。因为，孩子最初看到的他人合作便是父母的合作，如果父母双方无法展开合作，那就不要指望他们能教导孩子学会合作了。

而且，从父母那里，孩子获得了他们对于婚姻的最初印象。在婚姻不幸福的家庭中长大的孩子，他们对婚姻往往也持悲观的态度，以至于他们的婚姻也往往会失败，除非他们后来特意纠正自己的想法。他们会设法逃避与异性相处，或者认定自己对异性的追求绝无成功的可能。因此，父母婚姻生活不和谐，注定会对孩子产生重大影响。我们结婚的目的是什么？是为了谋取双方的共同幸福，给孩子营造良好的家庭氛围。婚姻中的双方，不管哪一方出现问题，都不益于维持家庭的和谐幸福。

婚姻是一种合作关系，婚姻中双方是平等的。对此，我们要深入探讨。在家庭生活中，没必要使用权威。如果某位成员的地位远远高于他人，那就太不幸了。假设父亲脾气火暴，想成为家中的主宰，那他就会把这种错误的观念传递给他的儿子。在这种家庭氛围中，女儿更会深受其害，她们会将男人看成家中的暴君，她们会认为婚姻生活就是被征服、被奴役。有的女孩长大后，很可能成为同性恋者，以此来寻求自我保护，对抗男性。

在家庭生活中，如果母亲专横跋扈，整天唠叨不停，情况便会截然相反。这样的家庭中，女儿很可能会像母亲一样刻薄挑剔，男孩则可能害怕遭到批评，时时戒备，防止被母亲控制。有时，不仅是母亲专断强横，就连姐妹、阿姨也会联合起来管教他。在这种家庭氛围中长大的男孩，会变得性格内向，畏缩不前，不愿融入社会生活。他害怕与异性相处，因为他担心所有的女人都唠唠叨叨、吹毛求疵。没有人喜欢被指责，但如果一个人将逃避指责看成生活中的第一要务，那他的整个社会关系都会受到影响。遇到任何事情，他都会只从自己的角度来进行判断:“我是征服者，还是被征服者？”这样的人认为人与人之间毫无平等可言，只有你胜我负而已。

我们可以用几句话来概括父亲的作用——妻子的好丈夫、孩子的好父亲、社会的好公民。他必须将人生中的事业、友情、爱情这三大问题处理妥当，还要在家庭问题上和妻子平等合作，照顾并保护家庭。他应该知道，在家庭生活中，妻子发挥着无可替代的作用，他不应该贬低妻子的地位，而是应该和妻子相互配合。需要特别强调的是，即便父亲是家庭收入的主要来源，管理家庭的责任仍然是夫妻两人共同承担的。他绝不能摆出一副施予者的模样，把家庭的其他成员当成接受者。在和谐美满的家庭中，父亲挣钱养家，仅仅是家庭分工的结果。很多父亲认为，自己挣钱供别人花，那自己理所当然是家庭的主宰，这种想法大错特错。家庭中不应该有主宰者，我们应该避免任何可能导致不平等感的事情发生。

所有父亲都应该明确一个事实：当今文化过于强调男性的强势地位，结果往往导致两人结婚后，妻子可能已经怀着某种程度的担忧，害怕自己被操控而处于劣势。男性不能因为妻子是女性，不能因为妻子不能像他一样赚钱养家就歧视妻子。不论妻子在家庭经济方面的贡献如何，夫妻平等合作都是家庭生活的基础，无须追究谁赚钱或钱属于谁这一类的问题。

孩子深受父亲的影响，许多孩子终其一生，不是把父亲奉为楷模，就是把父亲视为死敌。惩罚，尤其是体罚，会给孩子带来伤害。所有暴力的教育方式都是错误的。不幸的是，家庭中惩戒孩子的责任往往落在父亲身上。这无疑是在暗示孩子：母亲是柔弱的，根本无法真正完成培养孩子的工作，要通过父亲来让孩子改正错误。如果一位母亲对她的孩子说："等你爸回来收拾你！"这无疑是在告诉孩子：男人才是家庭的主宰者，是真正的统治者。这也会破坏孩子和父亲的关系，使孩子惧怕父亲，不愿和父亲多做交流。一些母亲不愿亲自对孩子施加惩罚，她们担心孩子因此疏远自己，于是就把惩罚孩子的责任推给父亲，这种做法也是错误的。母亲这样做根本无法消除孩子内心的怒火，他仍然会因为母亲召集“救兵”而对母亲心生反感。如果母亲还在用“等你爸回来收拾你”这样的话吓唬孩子，迫使孩子服从，那孩子会怎么看待生活中的男性角色呢?

如果父亲能恰当处理生活中的三大问题，那他就会成为家里的主心骨，成为好丈夫、好父亲。他会与别人融洽相处，而且朋友众多。因为交友广泛，他将带领家庭融入一个更大的社交圈子中。他不会自我封闭、墨守成规。这样，家庭小圈子之外的影响就能渗入家庭之中，他也能教会孩子如何与他人合作，给孩子以有益的指导。

但是，如果夫妻二人有各自的朋友圈，而且只关注自己的朋友圈，就会慢慢形成沟通障碍。当然，我的意思并不是说他们应该始终如影随形，绝不能有私人空间，而是指两人要和谐相处。如果做丈夫的不愿意让妻子认识自己的朋友，那一定会产生很多问题。这种情形下，丈夫的社交中心就在家庭之外，对孩子的成长没有好处。父母应该让孩子懂得，家庭只是社会这个大家庭的一个组成单位，即便是在家庭之外，我们也能交到很多朋友。

如果父亲与其父母及兄弟姐妹相处融洽，那就说明他有良好的合作能力。当然，人长大后必然会离家生活，但这并不意味着他讨厌家人或与家人决裂。如果夫妻两人婚后仍以父母为中心，依赖父母，并将父母放在首位，那么他们眼里的家就是父母的家，就无法建立起真正属于自己的家庭，他们的合作关系也会因此受到影响。

有时，男方的父母想知道儿子生活中的所有细枝末节，这往往会给儿子的家庭带来麻烦。因为这可能会使妻子觉得没有受到足够的尊重，甚至会因为公公、婆婆干涉自己的家庭生活而气愤不已。尤其是那些男方不顾父母反对而和妻子结合的婚姻，更容易出现此类问题。我们很难说父母做错了什么。如果父母不赞同这段婚姻，他们会在儿子结婚前提出反对，可既然儿子已经结婚了，他们便只有一条路可走，那就是确保儿子婚姻生活的幸福美满。家庭分歧是无可避免的，做丈夫的要明白这一点，根本无须为此烦恼。他要做的就是努力用事实证明，父母的反对是错误的，自己的选择是正确的。夫妻二人没必要事事顺从父母的意见，当然也应该尽量与公婆和睦相处。如果公公、婆婆的确为儿子、儿媳的幸福考虑，而不是只考虑自身的利益，那就会容易得多。

每个父亲都想肩负起养家的责任，在这一方面，妻子可以帮助他，孩子长大后也可以帮助他。在西方文化传统中，男人承担着家庭的主要经济责任，他必须积极工作，勇于进取，了解自身职业的优劣，懂得与他人合作，并博得他人的尊重。

实际上，父亲的作用远不止于此，他还应该是孩子的榜样，教会孩子和他一样勇于面对困难。所以，父亲应当通过实践探索自己应该从事什么样的工作——一份既有益于人类，而他又能在其中有所贡献的工作。不管他对自己的工作有怎样的看法，重要的是他的工作本身应当是切实有用。我们无须过于关注父亲所说的话，如果我们遇到的是一个喜欢夸大其词的父亲，那很遗憾，但如果父亲的工作确实很有意义，而且他所说的都是事实，那也就无伤大雅了。

接下来，我们要谈谈爱情、婚姻以及如何构建和谐幸福的家庭生活。丈夫首先要做的就是关爱自己的妻子，而一个人对另一个人关爱与否，是很容易看出来的。如果丈夫真的关爱妻子，就会爱屋及乌，对妻子喜爱的东西产生同样的兴趣，自然而然地将妻子的目标作为自己的目标。可关注并不是关爱的唯一表达方式，和谐相处也是关爱的表达方式。丈夫要懂得如何使妻子快乐，成为她的朋友。只有两人将对方的幸福看得比自身的幸福还重要，真正的合作才会产生。只有给对方的爱大于对自己的爱才是真正的爱情。

丈夫不应在孩子面前过于表露对妻子的爱意。确实，夫妻之间的爱和他们对孩子的爱是完全不同的，两者之间也不存在任何冲突。但孩子往往有这样的想法：父母之间的爱太多了，他们对我的关爱太少。这样孩子就会心生忌妒，给父母制造麻烦。

夫妻之间的性关系同样不容忽视。很重要的一点是，父母在跟孩子谈论性这个话题时，应该只涉及孩子当前的年龄阶段里能够理解的内容或者只对他们提出的问题做出解答。一般而言，父亲向男孩解答这方面的问题，母亲向女孩解答这方面的问题。但当今时代，父母通常会给孩子讲解过多的性知识，有些甚至是孩子无法理解的内容，这反而会加重孩子的好奇心。和以往欺骗孩子及绝口不提性知识的老办法相比，过多解释性知识的做法也毫无益处。最好的办法，是告诉孩子他们想了解并且能够接受的知识，而不是将所有常识都讲给他们。我们要保护孩子对我们的信任，让他们意识到我们是在与他们合作，并帮助他们寻找解决问题的办法。我们这样做，就不会有太大的偏差。

夫妻之间不应过分强调金钱，更不应为金钱而争执。总的来说，那些没有经济来源的女性对金钱有时比她们的丈夫敏感得多。如果一个女人被人指责奢侈浪费，那她一定会觉得深受伤害。金钱问题也是诸多家庭问题中的一个，同样应以合作方式解决。妻子没理由强迫丈夫一个人承担家庭的所有开支。在金钱开支问题上，如果夫妻意见一致，那就不会有人觉得被剥夺，也不会有人觉得被施舍。

父亲应该明白，金钱并不能保证孩子的未来。我曾读过一位美国人写的书，那书写得很有趣，书中叙述了他如何从一个穷人发家致富，并想后代永享富贵的故事。他为此去向律师咨询，律师问他："确保多少代子孙富贵才满意？"他答："十代。"律师说："这一点你可以做到。可到了第十代，你的每位子孙都会有 500 多位祖先，而你只是这 500 人中的一员，你是否意识到了这一点？而且这 500 多人会同样宣称他是自己的子孙，如此一来，你还认为他是你的后人吗？"

我们只是想通过这个例子说明一个道理，那就是：无论我们为子孙后代做什么，都是在为整个社会服务。因为我们无法逃避与其他社会成员的关系。

一个家庭中，无须统治者，但必须要有合作精神。在子女教育问题上，父母一定要通力合作，保持一致。但要谨记一点，就是不论哪一方，都不能溺爱孩子。溺爱孩子的危险是我们所无法预料的。孩子童年时期出现的沮丧感，常常是因为父母过于关爱他的兄弟姐妹而忽视他所造成的。或许，你会认为这种说法毫无道理，但如果父母能真正对所有孩子一视同仁，那孩子是不会产生这种情绪的。在重男轻女的家庭里，女孩子往往有自卑心理。孩子都非常敏感，他们常因感觉父母偏爱家里的其他孩子而走上错误的生活道路。

当然，父母总是有意无意地偏爱家中表现优秀的孩子。但为人父母，就应该运用一些经验和技巧，避免这种偏爱显露出来。否则，家中其他孩子会生活在优秀孩子的阴影之下，形成忌妒之心，怀疑自身能力，最终阻碍个人合作能力的发展。父母自己嘴上说不偏爱任何一个孩子是没用的，他们需要暗暗观察，谨防孩子萌生此类怀疑。

家庭的关注与忽视

孩子在赢取他人关注方面总是有一套自己的方法。例如，被溺爱的孩子常常害怕被独自留在黑暗中，其实他们害怕的不是黑暗，而是在利用恐惧赢得母亲的关注。有个从小到大被溺爱的孩子，一到黑暗的地方就会大哭。一天晚上，他又在大哭，母亲走进房间，问道："你害怕什么？"他答道："天太黑了。"但他母亲已经认识到了他这种行为的意图，便问道："我进来了，是不是天就不黑了？"可见，黑暗本身无关紧要，他只是不愿意和母亲分开罢了。他所有的感情、力量和心智都是为了创设一种情境，好让母亲和他待在一起。除此之外，他还会用哭闹、号叫以及不睡觉等方式，将母亲吸引到自己身边。

长久以来，教育学家和心理学家都极为关注一种情感，那就是恐惧。个体心理学关注的不再局限于个体恐惧的原因，而是个体恐惧的目的。几乎所有被溺爱的孩子都有恐惧症，他们正是利用恐惧博得了他人的关注，而且他们将这种情感渗入到自己的生活方式中。他们利用这种情感将母亲留在自己身边。胆小的孩子往往是被溺爱长大的，而且想继续得到别人的宠爱。

被溺爱的孩子夜里常常做噩梦，并在睡梦中号啕大哭。这种现象，司空见惯。但如果认为梦境和清醒是相反的，那就无法理解这种梦魇。但这个前提是错误的，睡梦与清醒并不对立，只是同一事物的不同表现。孩子在梦中和清醒时的行为方式大同小异，为了扭转形势，他的整个身心都为此而动。在经过训练和经验积累后，他会找到达成目标的终极捷径。即便是在梦中，各种与其目标一致的思想、图像和记忆仍旧活跃在他的头脑中。一个被溺爱的孩子，有了几次成功的经验后便会发现，由噩梦衍生的荒诞情绪能够把母亲留在自己身边。有些被溺爱的孩子，即便是长大成人后，仍然会不时做各种焦虑的梦，因为他认识到梦中的恐惧同样可以博得关注，久而久之便形成了习惯。

焦虑同样是孩子惯用的手段，我们会为那些被溺爱的孩子能在睡前安安静静而感到非常惊讶。他们博得父母关注的方法成千上万，有时候是嫌被褥不舒服，有时候说自己想喝水，有时候说自己害怕妖魔鬼怪。有些孩子，只有父母在身边才能安然入睡，否则就会梦游、尿床或半夜从床上滚落。

我曾遇到过这样一个女孩，她同样很受宠爱，但晚上从来不找麻烦，而是安安静静地睡觉，她只在白天惹事。我感到很奇怪，因为我提出来的那些孩子用来吸引母亲注意力的花招，这个女孩一个也没用过。最后，我终于找到了原因。我问女孩的母亲：“她在哪儿睡觉？”她母亲回答：“我的床上。”

对于被宠坏的孩子来说，生病也是很好的保护伞。因为生病时，他们能得到比平时更多的宠爱。我们经常看到这种情形：这些孩子病愈后，常会出现问题儿童才会有的一些表现。似乎是疾病使他们成为问题儿童的，可实际情况却是：在痊愈后，父母就不像生病时那样对他们照顾有加，为了再次博得父母的关注，他们就用成为“问题儿童”来作为报复。有时，一个孩子发现另一个孩子因为患病而备受关注，就会想办法让自己得病，有时甚至会亲吻或拥抱患病的孩子，好使自己染上病毒。

有个女孩在医院住了 4 年，医生和护士都非常宠爱她。她刚出院时，父母也很宠爱她，可几周以后，父母那份宠爱就渐渐淡了下来。每当她的愿望得不到满足时，她就含着手指强调：“我住过院。”她不断提醒别人，她曾经住过院，就是想重新创建一个可以让自己随心所欲的环境。同样，类似的行为也常发生在成人身上，他们时常提及自己的病情或做过的手术。但是，也有另外一种情况，有些孩子让父母头疼不已，可经历一场病变后竟然改头换面，不再给父母惹麻烦。我们发现，身体缺陷确实是孩子的额外负担，但同样，我们也能看到，身体缺陷并不是导致孩子性格缺陷的原因。因此，我们猜测，身体康复和性格改变是不是有什么内在关联。

还有个男孩，他在家里排行第二，他撒谎、偷盗、逃学、为人凶残、冥顽不灵，惹了很多麻烦。老师对他束手无策，建议说应该把他送到少年管教所。这时，那个男孩生病了，患上髋关节结核病，打上石膏，卧床达半年之久。病愈之后，他竟然成了家中最老实的孩子。我们无法相信是疾病给他带来这种影响，但真相很快就大白于世了。原来，此前他一直觉得父母偏爱哥哥，认为自己备受冷落。可在生病期间，他发现家人都很关心他，每个人都照顾他、帮助他。后来，他终于意识到自己的错误。

家庭中的手足平等

现在，我们来讨论一下孩子合作的话题，因为孩子合作同样是家庭生活中极为重要的部分。只有让孩子意识到他们是平等的，他们才会积极参与到社会活动中去。同样，只有男孩和女孩意识到性别平等，才不会出现重大的两性问题。有人或许会问："在同一个家庭长大的孩子，为什么会有那么大的差别？"有些生理学家倾向于将其解释为不同遗传基因作用的结果，我认为这种观点极其荒唐。我们不妨用小树成长来打个比方：几棵小树，即便是生长在同一个地方，也存在环境差异。一棵小树因汲取了更多的阳光和养分而生长得较快，它的长势必会对周围的其他小树形成影响，而且这种影响会越来越大。它的枝叶向四周扩张，渐渐遮挡其他树木的阳光雨水；它的根系向四周延伸，渐渐夺走其他树木的养分。如此一来，其他树木便无法正常生长，并因此显得萎靡矮小。一个家庭之中，如果一个孩子表现得特别优秀，那么其他孩子势必会相形见绌。

就如前文所说，父母中的任何一方都不应成为家庭的统治者。我们经常发现，如果父亲有卓越的才华或特别成功，反而会让孩子觉得自己永远也无法赶超父亲的成就，并会因此灰心丧气，对生活缺乏兴趣。孩子看不到取得可与父母相媲美的成就的希望，是导致很多名门子弟表现令其父母和社会失望的原因。因此，无论父母在自身行业里取得多么大的成就，他们也不应将这种成功过多地带入家庭之中，以免使孩子发展受阻。

孩子之间也存在这种现象。如果一个孩子表现得特别出色，就会赢得他人的瞩目，这于他而言，自然是好事，可其他孩子会感受到待遇上的差别，因而产生忌妒之心。没有哪个人能毫无怨言地忍受被轻视的待遇。毫不夸张地说，一个优秀的孩子能伤害其他所有孩子，致使其他孩子缺少成长动力，这并非危言耸听。当然，其他孩子如果仍然追求卓越，并且无止境地追求下去，那么他们的目标就会偏离社会主流，脱离现实情况，甚至会危及社会。

家庭格局

个体心理学在研究孩子出生顺序方面取得了重大突破。为了便于人们理解这一问题，我们不妨假设父母关系和谐且尽其所能抚养子女。即便是在这个前提下，孩子所处的地位和成长的环境也有很大差别。我们必须再次强调，即便是生活在同一家庭的两个孩子，他们所处的成长环境也不完全相同。所以，为了适应自身的成长环境，他们所选择的生活方式也会有所不同。

长子

所有家庭中的长子都曾经历过一段“独生子”的时光，但随着家中第二个孩子的降生，他们必须做出调整，以适应全新的生活环境。第一个孩子的出生，往往吸引着大量的关注，他得到过众人的宠爱，因而会习惯处于家庭的中心地位。但是，伴随着其他孩子的降生，往往在他还没做好准备的情况下，自己原有的地位就被抢走了，他不再是独一无二的。现在，他必须和别人分享父母的关爱。这种改变所带来的影响是巨大的，许多问题儿童、精神病患者、犯罪嫌疑人、酗酒者以及行为怪癖者的问题很大程度上就源于这种改变。他们是家中的长子，其他孩子的到来给他带来的冲击非常大，随后，遭到剥夺的感觉就深深印刻在了他们的整个生活方式中。

家中的其他孩子虽然也可能以同样的方式失去原有地位，但他们的感受不会有家中长子如此强烈。因为他们从一出生就与他人分享亲情，从未独享过家人的呵护和关注。可家中的长子却经历了翻天覆地的变化。如果父母确实因为其他孩子的降生而忽略了他，那他一定难以接受这种现实，即便他为此愤怒怨恨，我们也不能对他横加指责。当然，如果父母仍然能让他感受到浓浓爱意，让他知道没有人可以取代他的地位，特别是，如果父母能引导他一起迎接新生命的到来，一起看护小孩子，那他就会平稳地度过危机。可现实往往是：家中长子还没做好迎接弟弟、妹妹到来的准备，而父母的确会因为新生命的降生而忽视他。所以，他会千方百计博得母亲的关注，想重新把母亲拉回自己身边。有时，我们会看到，母亲被两个孩子争来夺去，谁都想比对方获得更多的关注。

长子在体力上占优势，也能想出更多点子。我们可以大概想象一下，他在这种环境下会做出什么事情。如果我们和他处境相同，目标一致，我们肯定也会采取同样的做法。我们会给母亲找各种麻烦，甚至和母亲争吵，采取一些令她绝对无法忽视的行为。最后，他耗尽了母亲的耐心，调动一切可利用的资源，孤注一掷地与母亲战斗。他制造了一个又一个麻烦，搞得母亲筋疲力尽，这时他才真正开始体会没人关注的滋味。为了博得母爱，他极力抗争，可结果却彻底失去了母爱。他感到自己被人冷落，实际上是他的行为令他真的被人冷落。他觉得自己并没有做错什么，而且他还会为自己辩护：“我没有错，都是别人的错，我是对的。”他好像掉进了一个陷阱，挣扎得越厉害，处境就越糟糕。他认为自己是正确的，并且找各种理由来支持自己的想法。既然所有的直觉都在暗示自己的观点是正确的，那他又怎么会放弃反抗呢？

针对此类案例，我们有必要探究个体所处的具体生活环境。如果母亲予以回击，那么孩子就会变得脾气暴躁、桀骜不驯、吹毛求疵。当他背离母亲时，他很可能从父亲那里获得恢复往日受宠地位的机会。他对父亲的兴趣越来越浓，试图亲近父亲，以博得父亲的关注和宠爱。所以，家中的长子通常更喜欢并依赖父亲。我们可以肯定的是，一旦孩子开始偏爱父亲，那他就进入了人生的第二阶段。最初阶段孩子依恋母亲，当母爱渐行渐远时，他便将这种依恋转向父亲，以此作为对母亲的谴责。如果一个孩子更喜欢父亲，那我们可以断定，他一定遭遇过挫折，认为自己遭到了拒绝或忽视，他对此记忆犹新，耿耿于怀，甚至他的整个生活方式都是围绕这种被拒绝感而建立的。

这种争斗会持续很长时间，甚至会伴随孩子一生。这些孩子学会了抵制和反抗，因此无论他们处于何种环境，都随时准备投入战斗。或许，他没有志同道合的朋友，他们会失去信心，认为自己没办法与他人交往，赢得喜爱。他会变得易暴易怒、沉默寡言、特立独行，甚至索性孤立自己。这种孩子的所作所为都指向过去，因为那时，他是众人关注的焦点，他们沉浸在美好的回忆中。

所以，长子通常眷恋过去，他们喜欢回顾和谈论过往。他们眷恋过去，却对未来持悲观态度。有时，曾经拥有统治权和掌控权的孩子，会比其他孩子更懂得力量和权威的重要性。他们长大后，会热衷于玩弄权术，过分夸大规则和法律的重要性。他们认为所有事情都应该依照规则进行，并且这种规则不应被改变，权力应该掌握在那些被赋予权力的人手中。此时，我们能够深切懂得，童年时期的经历对他产生了怎样的影响。如果拥有良好的地位，他们会时时担心别人对他图谋不轨，想要取代他。

长子的处境引人担忧，给家庭出了一道特殊问题，可如果处置得当，这个问题是能顺利解决的。如果在弟弟、妹妹出生以前，长子已经学会了与他人合作，那么他们就不会感到受伤害。我们发现，有些长子很愿意帮助和保护他人，并觉得为他人带来幸福是自己的责任。他们经常模仿父母，扮演家长的角色照顾弟弟、妹妹，自觉肩负起保护和教导弟弟、妹妹的职责，他们很有可能因此培养出优秀的组织才能，这些都是最好的情况。但是，有时，保护他人的努力也有可能极端化，甚至会滋生出要求他人依赖自己或统治他人的欲望。

从西方国家教育子女的经验来看，问题儿童中长子比例最大，其次是家中幼子。这很有趣，这两类人构成了家庭的两个极端。到目前为止，我们还没有找到真正解决长子问题的教育方式。

次子

次子的处境和长子的处境截然不同，和家中其他孩子的处境也不能相提并论。从降生之日起，他便和另外一个孩子共同分享关爱，因此，他会比长子更易合作。如果没有遭到哥哥或姐姐的针对、打压，那他的处境还是不错的。但是，他一生都无法改变一个事实，他始终存在一个竞争对象。长子比他年龄大，比他发育早，所以他得奋起直追。次子身上有一种典型现象：他的一举一动都像是在参加一场比赛，仿佛前面有个人比他快两三步，他不得不奋力追赶一样。他们总是全速前进，不断努力，想要超越自己的哥哥或姐姐。

《圣经》中的很多精彩篇章都昭示出心理学观点，雅格就是一个典型的次子形象。他始终想超越哥哥，想取代哥哥的位置。家中的次子就是这样，不甘屈居人后，想竭尽全力超越别人。所以，次子成功的概率更大。次子往往比长子更有才华，更有成就。就这一点而言，我们并不是说遗传在个体发展中起了多大作用，只是想说孩子不断进步，是因为他们不断努力。次子即便长大成人，离开家庭，也会挑选一个比自己优秀的目标，作为自己努力超越的对象。

这种现象不但确确实实地存在于我们的生活中，而且能从个体的性格特征中找到痕迹，也更容易显现在个体的梦境中。举例来说，长子经常梦见自己从高处跌落，因为他们虽然处在优于别人的位置上，却无法保证一直保持这样的优势。次子则经常梦到自己和别人比赛，如赛跑、追赶火车、骑自行车比赛等。这种匆匆追赶的梦的特征如此鲜明，我们能轻而易举地猜到，做这种梦的人在家中排行第二。

但是，必须说明的是，世间万物不是一成不变的。言行举止像老大的人未必就是家中的长子。决定行为特征的是环境，而不是家中排名。在大家庭中，有些出生较晚的孩子可能和长子的生活环境一样。也许是前两个孩子出生的时间接近，老三与他们的年龄相差较大，老三之后又有其他孩子出生，在这种情形下，老三很有可能表现出与长子相似的特征。同样，老四和老五也可能表现出典型的“次子”的性格特征。只要两个孩子年龄相近，而又与其他孩子年龄差距较大，他们便会表现出长子和次子的种种性格特征。

在与弟弟、妹妹的竞争中，如果长子失败了，那么他很有可能走上错误的人生道路。但如果长子成为弟弟、妹妹的领导者，那么次子就容易成为麻烦的制造者。特别是，如果老大是男孩而老二是女孩，那长子的处境就更困难了。他会面临被女孩击败的危险，而在当代社会中，这会让他觉得是奇耻大辱。男孩和女孩之间的竞争比同性之间的竞争更为激烈。

在这类比拼中，女孩占有天生优势。在 16 岁之前，女孩的生理和心理发育都快于男孩。结果可能是哥哥主动弃械投降，从此变得懒惰沮丧、一蹶不振。他会试图通过某些拙劣手段来获取优越感，比如吹牛、撒谎等。这种情形下，我们几乎可以断定女孩已经获得了胜利。我们很无奈地看到男孩犯下各种各样的错误，而女孩轻松地解决了问题，并且昂首向前。其实，如果能够预见危机，那么就能采取行动防患于未然，也就能避免这种不幸局面的出现。一个人人平等、具有凝聚力的家庭，通常不会出现这种悲惨结局。家庭不应该存在对立，更不应该使某个孩子因为受到威胁而钩心斗角。

幼子（最小的孩子）

除了幼子，家中其他孩子都有弟弟或妹妹，他们都面临着失去自己地位的威胁。但是，家中最小孩子的地位永远不会被取代：他没有跟随者，却有很多引领者，他很可能是家里最受宠的孩子。那些被溺爱的孩子身上存在的问题都可能出现在他身上，但他们有太多的竞争对手，同时又得到最多的鼓励，因此往往是家中发育最好、进步最快的孩子，把其他人远远甩在身后。纵观人类历史，幼子的地位从未改变。在古代故事中，有很多是讲述家中幼子是如何超越哥哥姐姐的。

《圣经》的故事中，胜出的往往是幼子。约瑟就是作为家中幼子长大的。尽管约瑟出生 17 年后，雅格降生了，可他却完全没有参与约瑟的成长。约瑟的生活方式是典型的幼子型的。他总是维护自己的优越感，即便在睡梦中，其他人也必须臣服于他，他的光芒掩盖了所有人。大家朝夕相处，兄长们自然知晓约瑟的想法，也很容易理解约瑟梦中的感觉，因为他们都曾体会过约瑟在梦境中的感觉。他们惧怕他，想摆脱他，可后来，约瑟后来居上，反倒成了整个家庭的顶梁柱。

最小的孩子常常成为家庭的支柱，这并非偶然。许多人十分了解这一点，也讲述了很多盛赞幼子能力强大的故事。显而易见，家中幼子的处境优越：他有父母和哥哥姐姐的帮助，激发他雄心壮志的因素很多，而且没有人在背后攻击他，也没有人分散他的注意力。

但是，如前所述，幼子是问题儿童的第二高发群体。之所以会出现这种现象，主要是由于被溺爱。在溺爱中长大的孩子总是不够独立，他们缺少独自拼搏、争取成功的勇气。家中幼子野心勃勃，而野心勃勃的人却往往性情懒惰。懒惰是野心勃勃与勇气不足的混合体：一个人的志向过于远大，会导致他看不到实现志向的希望。有时，家中最小的孩子不承认自己有什么抱负，那是因为他希望自己在所有方面都超过别人，他不希望自己受到任何制约，他想要变得独一无二。显然，周围的人都比他年长、比他强壮、比他阅历丰富，所以幼子也常常有深深的自卑感。

独生子女

独生子女有其独特的问题。他们也有竞争对手，不过不是兄弟姐妹，而是父亲。独生子女从小就深受母亲宠爱。母亲总是担心失去他，想时刻将他护在自己的羽翼之下。独生子女渐渐生出所谓的“恋母情结”，他们和母亲如影随形，排斥父亲，想将父亲推出家庭之外。不过，如果父母同心协力，将孩子的注意力分散到双方身上，就不会发生这种情况了。但是，绝大多数情况下，父亲对家庭付出的心力总是比不上母亲。与长子情况相似的是，独生子女大多希望战胜自己的父亲，而且喜欢和年长的人相处。

独生子女通常都害怕弟弟或妹妹出生。如果有人说“你该有个小弟弟或小妹妹了”，他往往会很伤心的。他希望自己永远是家人关注的焦点，认为这是他应有的权利。如果有人威胁到他的地位，他便会觉得受到了不公待遇。在随后的人生中，他如果不再是众人瞩目的焦点，各种问题便会接踵而至。孩子如果出生在一个谨小慎微、患得患失的家庭，那他的成长都会受到影响。如果父母因为身体原因无法再生育，那么他们只能倾尽全力解决独生子女的成长问题。但我们发现，有些原本可以再多养育几个孩子的家庭，最终却只要一个孩子，那是因为父母胆小悲观，认为自己无力抚养更多孩子。这样的家庭氛围势必紧张压抑，孩子也会深受影响。

如果家中几个孩子的年龄差距较大，那么每个孩子身上都会表现出独生子女的某些性格特征，这种情况十分不妙。常常有人问我："家里的孩子年龄间隔几岁最好？"我个人认为，间隔三岁为佳。孩子到了三岁，已经具备了合作能力，能够接受新成员的到来。如果孩子只有一两岁，父母便无法跟他讨论这个问题，他还不能理解父母的观点，父母自然也无法帮他提前做好迎接弟弟妹妹到来的准备。

如果家中只有一个男孩，而其他孩子都是女孩，那这个男孩的处境也会十分艰难。如果他父亲多数时间在外忙碌，那他就无可避免地生活在女性的包围之中。他每天所见，除母亲姐妹外，或许还有女佣，他发现自己是如此与众不同，难免会备感孤独。特别是家中女性联合起来与他为敌时，他会感到更加孤独。或许，她们只是想在他的成长教育方面施以援手；或许，她们会警告他别太自以为是。总之，敌意和争斗因此大量衍生。如果这个男孩排行居中，那他的处境会更加糟糕，这是个腹背受敌的位置。如果他排行老大，妹妹紧随其后，那他有可能会陷入与某个咄咄逼人的妹妹竞争的险境中；如果他是家中的幼子，就容易被溺爱。

在女孩群里长大的男孩子通常不受人欢迎，但如果他能积极参与社会生活，学会与其他孩子相处，懂得合作，这个问题就可以解决。否则，长期处在女孩群里，他的言行举止都难免会带有女孩子气。

这个男孩还可能会强烈地排斥这种氛围，极力强调自己的男性身份。他会时刻保持警惕，决心不受女人的控制。他认为有必要维护自己的个性和优越性，但难免会陷于紧张的情绪之中。他的成长可能会走向两个极端，要么十分强壮，要么十分柔弱。与之相似的是，在男孩群中长大的女孩也很容易变得极端女性化，或者极端男性化。通常，她终生都无法摆脱不安和紧张的情绪。这种情况是值得探究的。我们并不经常遇到这种情形，需要研究更多相关案例，才有发言权。

我们研究了一些成人案例，发现他们早期记忆的烙印一直保留了下来。个体出生顺位对其生活方式的影响是不可磨灭的。个体成长中遇到的问题，往往源自家庭中抗争的存在或合作的缺失。我们环顾四周，思索平时为何会有那么多的敌对情绪和竞争现象，便会意识到，无论何时，人们都想成为征服者，想要战胜、征服别人。个体之所以会形成这样的目标，是因为他们早期的经历，是因为他们认为自己在家中受到了不公正的待遇，因而激发了超越别人的情感。我们只有着力于培养孩子的合作精神，才能消除这些不利后果。

第七章　学校的影响

变革中的教育

学校教育是家庭教育的延伸。如果父母能承担起教育子女的全部事宜，引导孩子形成正确的人生观和价值观，培养他们掌握解决生活问题的能力，那学校就没有存在的意义了。在过去，家庭承担着教育子女的全部责任。比如，工匠的儿子从父辈或祖辈那里学习技艺，并将技艺传承下去。然而，社会不断向前发展，对人们提出了更高的要求，所以需要由学校来减轻父母的负担，继续父母的未竟教育，这样不但能延续父母传授的技艺，还能学到许多人生哲理，更能满足社会发展的需要。

美国的学校不曾像欧洲校园那样一步步经历过多种发展阶段，但仍能够见到一些传统权威教育的痕迹。在欧洲，最初只有皇室和贵族子弟才能接受正规的学校教育，他们被认为是社会中最尊贵的人，其余的人只能安分守己，不能有其他奢求。后来，社会对有价值的群体的定义范围有所扩大。宗教机构成为教育的主要部门，少数人能进入宗教机构学习神学、艺术、科学方面的知识，或是接受专业技能训练。

随着工业技术的发展，传统教育形式已经不能适应社会的需要。所以，扩大教育范围势在必行。以前，一些城镇学校通常还由当地的皮匠或裁缝兼任教师，他们上课时手执棍棒，经常体罚学生，教学效果也不尽如人意。以前，宗教机构只教授宗教、技术、科学方面的知识，甚至连国王也不会读书写字。但是，伴随着工业革命的兴起，社会对人们的要求越来越高，即便是普通工人，也需要学会读书、写字、计算、绘图等技能。正是在那时，形成了公立学校的雏形。

但是，这些学校是根据政府的需要建立的，培养学生的目的也是为上层阶级服务，这要求他们既要有文化又得顺从听话，还要能征善战。学校课程的设置也是围绕这一目标。我记得，奥地利一度保留着这种教育，政府允许底层社会成员接受教育，目的是让他们服从命令，安分守己。但时间一长，这种教育模式的缺陷就会显现出来。此时，自由主义思想萌芽，工人阶级逐渐壮大，诉求也越来越多。所以，公立学校为顺应时代发展的要求，做出了一些调整，逐渐形成了现代教育理念：引导孩子学会独立思考，让他们接触了解文学、科学、艺术等方面的知识，并成长为有能力分享人类文明，且能为人类发展做出贡献的人。我们让孩子接受教育，不再只寄托于让他们学会谋生技能或得到一份工作，而是要他们为社会发展谋福祉。

教师的角色

无论是否有意，那些提出教育改革建议的人都在试图加深社会生活中的合作程度。性格教育就是出于这样的目的。从这个角度来讲，认为合作精神有利于解决问题，也就顺理成章了。但总体而言，性格教育的目的和方法尚未普及。这就要求教师不仅要教会孩子谋生本领，还要引导孩子树立为社会做贡献的理想。这是一项十分重要的任务，教师需要对此熟记于心，并具备实现这一任务的资格。

性格培养的重要性

目前，性格教育仍处于试验阶段，尚且没有办法彻底纠正个体性格方面的缺陷。而且，即使是在学校这样系统专业的教育体系中，性格教育取得的成效依然不尽如人意。有些孩子入校前已经在家庭生活中遭遇挫折，形成性格缺陷，尽管在学校里受到教导和劝勉，仍会犯同样的错误。所以，除了增强教师的责任意识，让他们帮助学生健康发展外，我们别无他法。

为此，我利用大量时间，进入学校开展调研活动，最终结论是维也纳的学校在这方面效果显著。在其他方面，也会有心理学专家给儿童诊治，为更好地照顾孩子提出建议，但如果教师不赞同这些建议，或者不知道如何落实这些建议，那么这些建议有什么用处呢？心理学家每周只出诊一两次，至多也就是每天一次而已，但他们并不了解家庭、学校及环境给孩子带来的影响。他们可能开个方子，写上这名儿童应该增加营养，或应该接受甲状腺治疗；或许他们会暗示老师给某个孩子提供特殊照料，可教师不理解心理学家给出这种治疗方案的原因，也不清楚该如何避免错误。除非能够了解孩子的性格，否则真是无计可施。

这种情形下，心理医生和教师之间的合作就显得至关重要。教师必须了解心理学家所知道的一切，如孩子的病情以及治疗目的。唯有如此，才能真正帮助孩子进行治疗，即便出现一些意外情况，教师也不至于手忙脚乱、不知所措。要想达到这种效果，最实用的办法是像维也纳那样成立各种咨询中心。具体实施措施我会在本章的最后详细解释。

孩子第一次步入校门，会面临全新的生活考验，这种考验会将他成长历程中的弱点暴露无遗。如今，他必须在更为广阔的领域展开合作。如果他习惯于家人的呵护，必然不愿离开家庭这个避风港，不愿融入其他孩子中去。所以，我们在进校的第一天就会发现，一个被宠坏的孩子往往缺乏社会责任感。他可能会大哭大闹，想回到父母身边；他可能对教师及所学的课程没有任何兴趣，只是自始至终以自我为中心。可想而知，如果他持续这种状态，他在学校势必无法取得多大进步。

我经常听一些问题儿童的家长反映，他们的孩子在家里一切正常，可只要进入学校就会变得调皮难缠、问题不断。我们猜测，这样的孩子在家里极其舒适自在，不会受到什么约束，所以他的问题显现不出来。可是进入学校，不再有人宠着他，他无法适应新环境，便会自认为遭遇了挫折。

有个孩子，从入学第一天开始，他就对老师说的每一句话报以嘲笑，其余什么都不做。这让教师觉得他有智力缺陷。我问他：“大家都觉得奇怪，你为什么总在嘲笑呢？”他回答说：“被父母送进学校的孩子都会受到愚弄，学校会把我们教成傻瓜的。”

他为什么会有这样的看法？原来，他在家中曾经被捉弄过，以为一切新环境都是另一个针对他的玩笑。我劝导他，并告诉他是其过于看重维护自尊，没有人想戏弄他。后来，在我的正确指导下，他开始喜欢学习，成绩也有所提高。

师生关系

教师不仅要传授知识，而且要发现孩子成长中的问题，帮助孩子纠正错误，渡过难关。有些学生已经为接受更广阔的社会生活做好了准备，进入学校以后自然能适应新环境。但是，对于那些还没有做好准备迎接新环境的孩子，他们往往会畏葸不前，或者反应迟缓，但这绝不是智力问题，而是他根本不知道如何适应社会，如何与人交往。这种情况下，就需要教师引导孩子尽快融入新环境。

那么，教师该如何帮助他们呢？教师首先要像母亲一样，和孩子建立联系，亲密相处，获得他们的关注。孩子对其首先接触的人的兴趣大小，在很大程度上决定了他未来生活中调整适应的能力。训斥和惩罚无济于事，所以不能使用这两种方法。刚迈入校门的孩子可能很难与教师和同学沟通交往，面对这种情况，最糟糕的方式就是训斥和指责，因为这只会给孩子带来错觉，让他坚信学校是个令人讨厌的地方。我认为，如果我是个天天在学校受到批评指责的学生，我也会对教师失去兴趣，并且会想方设法逃离学校，摆脱约束。

对于那些逃课、顽劣和难以管教的孩子来说，他们之所以讨厌学校，大多是由人为因素导致。他们并非天生愚笨，在编造逃学理由，或者模仿家长笔迹方面他们总是高人一筹，可在学校没人会肯定他们这些优点。然而，当他们与其他逃学的孩子混在一起时，他们就会在同伴那里得到比学校里多得多的赞扬和肯定。和这些孩子在一起，他们会有一种成就感，认为自己的价值在这个圈子里才会得以体现——这是他们在学校里无法体验到的。由此我们很容易得知，那些在学校没有得到平等对待的孩子为什么更容易被犯罪分子诱骗。

激发孩子的学习兴趣

教师要想吸引学生的注意力，首先要了解他们之前的兴趣所在，并且使学生相信，他能够在其感兴趣的领域取得成功。一个孩子在某个专业上建立信心后，那么他往往也会对其他事物充满信心。因此，从学生入学伊始，我们便要了解他们对世界的认知方式，去发现学生的兴趣以及他们的优势。比如，有些儿童喜欢观察，有些儿童喜欢聆听，有些儿童热衷行动。视觉型的儿童通常会对用眼观察的科目感兴趣，如地理和绘画；而在未能发挥视觉优势的领域，他们的注意力会无法集中，学习进展也会比较缓慢。人们据此想当然地认为他们天分不佳或智力不足，并把这些归咎于遗传因素。

如果有人要对教育失败负责的话，那么，家长和教师都难辞其咎。因为他们根本没有了解孩子的兴趣所在，更不要说加以正确指导了。在此，我的意思并不是说要对孩子进行早期特殊教育，而是想说，应该根据孩子已有的兴趣，培养孩子对其他领域的兴趣。现在，有些学校已经开始采用视听结合的教学方法来授课，如将绘画、模型制作与传统教育课程结合起来。应该大力推行这种教学方式。其实，任何学科的最佳教学方式都是让它与现实生活紧密相关，这样孩子就能深刻体会学习的目的，以及所学课程的实用价值。常有人会问：“教会孩子知识和培养他们的独立思考能力哪个更重要？”我认为，两者不是非此即彼的关系，而是应该将之有机结合起来。比如，结合盖房子来传授数学知识就会十分生动有效，可以让孩子计算需要多少木料，能容纳多少人居住等。

在教学过程中，我们常常将多学科的知识结合起来分析，还会将教学内容与现实生活结合起来。比如，教师和孩子们一起散步，在这个过程中也可以教会他们一些知识，如植物的名称、结构、用途、生长习性、气候的影响、自然景观特征以及农业发展史等，从而找出孩子的兴趣所在。当然，前提条件是教师对孩子们怀有爱心，否则一切都无从谈起。

课堂里的合作与竞争

在当前的教育体制下，我们常常发现，孩子在刚步入校园时，他们更适应竞争而不是合作，但是，如果竞争思想在整个求学生涯一直持续下去，对孩子而言便是个灾难。比如，那些优秀的孩子即使超过其他孩子，可他心中的烦恼也未必比那些成绩不佳的孩子少。这源于他们的自私心理——他们的目标不是与人合作，也不是做贡献，而是获取私利。班集体就像一个大家庭，家庭的每一个成员都是平等的，孩子们只有认识到这一点，才能相互帮助，享受合作。

我见过许多问题儿童，在他们与同学展开交往与合作后，人生态度发生了很大转变。

有一个孩子特别值得一提。他在家中不受宠爱，这让他觉得家里所有人都对他充满敌意。进入学校后，他心里仍然有这样的想法，认为学校的人也不会例外。他常常因为成绩差而遭受父母训斥。此类事件屡有发生，他因为成绩差，已经在学校受到老师批评，回家后还要遭受父母的斥责。其实，被批评一次就已经让人非常泄气了，何况是两次！双倍惩罚简直太残忍了。难怪这个孩子成绩极差，还是班里的破坏分子。后来，他有幸遇到一位老师，这个老师理解他的处境，并向其他同学解释他显得不够友善的原因。于是，同学们开始主动接近他，使他感受到了善意和温暖。最后，在老师的引导下，这个孩子在成绩和行为举止方面都取得了出人意料的进步。

有些人怀疑，我们是否能真正教会孩子如何理解和帮助他人。根据我的经验，儿童通常比成人更善解人意。

我曾接待过这样一家人：一位母亲领着她的两个孩子来见我，男孩三岁，女孩两岁。那个小女孩爬上桌子，她的母亲被吓得动弹不得，只是颤抖着说：“下来！快下来！”可那女孩根本不予理会。这时，小男孩上前说：“待在那儿，不要乱动！”结果，小女孩立刻乖乖地爬了下来。这是因为，男孩比母亲更了解妹妹，知道该如何应对这种情况。

让学生自治，是培养学生合作精神的一种方式。当然，这种自治行为要在教师的监督与指导下进行，并且要确保孩子们对此已经做好充分准备。否则，孩子们就不能认真对待自治，反而会认为这不过是一种形式随意的游戏。结果，他们比老师更严厉苛刻，或利用职权攻击他人，为自己争夺优越地位。这样往往适得其反。所以，在学生自治的初始阶段，教师要认真观察，并给出合理化建议——这十分重要。

评价孩子的发展

评定儿童的智商、性格及社交能力，不可避免地要用到各种形式的测验。我们不得不承认，有些测验有时可以挽救一个孩子。比如，一个男孩的学习成绩很差，老师想让他留级。经过智力测验，我们发现他并不是一个智力低下的孩子，所以让他正常升入高年级。我们必须认识到，我们永远也无法预测孩子发展的潜力。智商测验只能让我们了解孩子是否存在困难，以便我们尽快找到克服它的办法。根据我的经验，只要智力测试没有显示出测验对象确实有智力缺陷，只要孩子找到正确的解题技巧，结果都会有所改变。我发现，孩子们总能轻松找出智力测验题的规律，他们会逐渐积累经验，测试结果自然会有所提高。总之，智力测验的结果与孩子的发展潜力没有根本联系，孩子的智商不是天分所定，也不是一成不变的。

各种测验的结果，不宜让孩子及其父母知道。他们未必了解测试的目的，往往会误认为这个结果代表着最终判决。教育的最大问题不在于儿童的极限，而在于他们的自我设限。如果孩子知道自己智商测验的分数较低，他们通常会很失望，认为自己永远也不可能取得什么大成就。在教育过程中，我们应该致力于增强孩子的信心，培养他们的兴趣，并且消除他们心中的自我束缚。

其实，对学习成绩也应如此。教师给学生较低的分数，并希望他们能以此激励自己。可在那些严苛的家庭中，差生是十分惧怕成绩单的，他们可能不敢回家，或者会涂改成绩单，甚至可能会自杀。所以，即使教师不对学生的家庭生活及其产生的影响负责，也必须事先考虑到这些因素及后果。

对于那些望子成龙、望女成凤的家长而言，一张糟糕的成绩单可能让他们暴跳如雷。如果教师宽容一些，学生可能反而会受到莫大的鼓舞，继续努力，并取得不错的成绩。一个孩子，如果考试常常不尽如人意，会被认为是差生，而更为要命的是，他自己也会逐渐相信这一点，觉得自己真的无可救药。但事实上，即便是成绩最差的孩子，他们同样有进步的可能。古今中外，许多杰出伟人的案例告诉我们，即便是差生，也可以恢复学习兴趣和自信，取得成功。

我发现一个很奇怪的现象，无须借助成绩单，孩子们就能对其他孩子的能力给出合理判断。他们知道谁擅长计算，谁擅长绘画，谁擅长体育，也知道这些人在班上的排名情况。但是，他们有个普遍的错误认知，那就是他们认为成绩是固定不变的，看到那些成绩好的同学，就觉得自己无法超越人家。如果这一观念根深蒂固，那将会影响他的一生。即便是长大以后，他也会认为自己不如别人，并且甘居人后。

在不同的学期里，同一个班级的学生在名次范围上通常没有太大的变化，总是靠前的靠前，居中的居中，垫底的垫底。我们认为，导致这种结果的并非遗传因素，而是孩子们自我设限，他们认为自己就这样了，永远不可能进步或后退。但是，我们也常常看到，班级成绩垫底的孩子发生巨大转变，突然就跃入优等生的行列。所以，我们应让孩子了解他们的错误在于自我设限。有人说："遗传决定了一个人的智力和能力。"教师和学生都不应该以此为借口。

先天因素与后天培养

在教育领域的各种错误观点中，以遗传决定成长的观点危害最大。父母或教师常常以此为借口为自己开脱，把一切都归咎于遗传因素。我们极力反对这种逃避责任的行为。如果认定遗传因素决定个体的智力和能力，认定差等生以后不会有所作为，那就大错特错了。父母和教师应该认识到自身对孩子成长的巨大影响，不应逃避责任，对孩子不闻不问。

在此，我所说的遗传并不是指生理遗传。因为，个体心理学详细地阐述了遗传问题在心智发展上的重要性，有生理缺陷的孩子在行动上固然受限，可他们的心理是否会受到生理缺陷的影响，很大程度上取决于他们对生理缺陷的态度。所以，对于有生理缺陷的孩子，尤为重要的是，要让他知道，生理缺陷并不会影响他的智力和性格发展。此前，我们已经提到，生理缺陷有可能会激发孩子的巨大潜力，也可能会成为孩子发展的障碍。

我最初提出这一观点时，遭到许多人的指责，他们认为这是我的主观看法，缺乏科学依据，也不符合客观事实。然而，我的结论源于我的个人经验，并且支持这个结论的证据也日益增多。如今，许多心理学家和精神病专家也赞同这一观点，摒弃了流传数千年的遗传学观点。每当人们想要推卸责任或是用宿命论解释自身行为时，就会引用遗传学观点。他们认为孩子的善恶在其降生的那一刻就已经注定。这纯属无稽之谈，只有那些拼命想逃避责任的人才会秉持这一错误观点。

个体的善恶与其性格一样，都是在特定的环境下产生的。“善”与“恶”的概念是人类在特定社会环境下相互作用的结果，它隐含着一种判断，个体的行为是益于他人，还是有碍于他人。婴儿出生时，根本没有这方面的意识，他的发展方向有无限可能。他选择何种道路，很大程度上取决于他的成长环境以及他的人生态度，而这一切很大程度上是受教育的影响。

智力遗传也是如此，尽管这方面的证据还不是十分充足。我们已经知道，兴趣是影响个体智力发展的最大要素，可阻碍个体兴趣发展的不是遗传，而是缺乏自信和勇气。可以肯定的是，人体的大脑结构来自遗传，但它只是心智的工具，而非根源。如今看来，大脑的损伤并非无法改变，通过适当的训练，我们可以弥补大脑损伤。在超凡能力的背后，我们发现的不是异于常人的基因，而是持续不断的兴趣和努力。

即便有些家族世代都涌现出许多才华横溢的天才，仍不能将这归功于遗传。我们宁愿认为，这是家庭成员相互激励的结果。也许，家族传统使孩子产生了继承前人功绩的思想，他们便会在实践中培养自身的能力。众所周知，“有机化学之父”李比希，他父亲只是一个药店的老板，我们不能说他的化学才能遗传于他的父亲。经过深入探究，我们发现，他的爱好源于他对周围环境的浓厚兴趣，当其他同龄孩子还对化学知识一无所知时，他就已经乐在其中了。

莫扎特的父母喜欢音乐，可莫扎特的音乐才能也并非源于遗传。他的父母有意培养他在音乐方面的兴趣，给予他很多鼓励。从幼年时代开始，他便处在良好的音乐环境中。我们发现很多杰出人物在年少时就已经显露出过人的才华。有人四五岁就能弹钢琴，有人小小年纪就能写故事给家里人读。他们的兴趣持久，自发接受训练。他们从不气馁，从不犹豫，也从不退缩。

孩子都会认为自己的能力在某个范围内，如果教师也认为学生的发展空间有限，那他就无法帮助孩子破除限制。教师如果对一个孩子说“你没有数学天赋”，其工作自然轻松得多，却可能使孩子十分泄气。我就有类似经历，在学习生涯的很长时间中，我的数学成绩不理想，我也自认为没有数学天赋。但是，有一天，我居然解出了一道老师都不会解答的题目！这让我大吃一惊，并改变了原有的态度，对数学从厌恶变为喜爱，并且抓住一切机会去提高数学成绩。后来，我的数学成绩始终名列前茅。我想，正是这一经历让我明白特殊天赋和天生才能理论的谬误。

个性发展

懂得如何了解孩子的人，能够轻松辨别孩子的性格特征及人生态度。从一个孩子的行为举止、观察方式、聆听方式、与其他儿童的距离、交友的难易、受关注程度、注意力和专注力的强弱等诸多方面，我们可以综合判断这个孩子的合作能力。如果一个孩子经常乱丢课本或作业本，我们便可断定他对学习不感兴趣。我们必须找出孩子厌学的原因。如果一个孩子不愿意与其他同学一起玩耍，那就说明他有孤立和专注自我的倾向。如果一个孩子在写作业时总是寻求他人的帮助，那他必定不够独立，时时渴望获得支持和帮助。

有些孩子，只有在受到赞美和表扬时才愿意做作业。许多在家里被溺爱的孩子，只有在教师关注时才会好好学习，如果教师忽视他，他的问题就会逐渐显现。如果不受关注，他们就会失去所有兴趣和全部信心。这类孩子在数学方面往往表现不佳，他们能熟练背诵数学公式和解题规律，可等到要运用这些公式和规律解题时，他们就会束手无策。

这类孩子总是祈求得到家长的支持和关注，这看似微不足道，却可能给他人的利益带来巨大威胁。如果将这种行为持续下去，直到成年他们也会一直寻求别人的帮助和支持。那么，只要遇到人生难题，他便会想到别人。这样的人终其一生也不会对社会做出贡献，只会成为同伴和社会的负担。

还有一些想成为关注焦点的孩子，一旦被人忽略，就会搞恶作剧。他们扰乱课堂，带领其他孩子逃学，好让大家讨厌他。责备和惩罚根本起不到任何作用，他乐在其中，宁愿遭受惩罚，也不愿被人忽视。在他看来，破坏行为带来的不快正是他为引起关注所必须付出的代价。很多孩子将惩罚看成是一种挑战，他们选择对峙，看谁能坚持更长的时间。最终，取胜的往往是他们，因为主动权掌握在他们手中。面对父母和教师训斥，他们不仅不会愁眉苦脸，反而会笑脸相迎。

那些懒惰的孩子几乎都是野心勃勃却又害怕失败的，除非他们是故意用懒惰来对抗父母或教师。人们对成功的定义不尽相同，而孩子们对失败的认识往往令人惊讶。有些人认为，只要自己没有超过所有人，就是失败。懒惰的孩子根本就不知道什么是真正的失败，因为他们从未接受过真正的考验，他们总是选择逃避，或是故意拖延，避免与人竞争。大家都会认为，这个孩子如果不是那么懒惰的话，一定能克服困难，而这恰好成为他逃避困难的借口。他会沉浸在白日梦中："只要我想做，没什么做不到的。"但当他失败时，他又会找到新的借口："我只是懒惰罢了，又不是能力不足。”他这样自我安慰，以维护自尊。

有时，教师会对那些懒惰的学生说：“其实你很聪明，只要再努力些，一定会成为优秀学生。”对他而言，这样的话语无疑是一种肯定，既然不用努力就可以获得这样的评价，那他又何必努力学习呢？或许，当他变得不懒惰时，就保不住这种深藏不露的聪明孩子的名声了，那时人们会根据他的实际成绩评价他，而不是根据他可能会取得的成绩。懒孩子的另一个优势是，他稍微努力，就会受到表扬。因为所有人都希望他改过自新，所以常常鼓励他。如果同样的努力，放在勤劳的孩子身上，人们很可能都不会注意到。就是这样，懒惰的孩子总是在别人的期待中生活，他们从小就这样，已经养成了不劳而获的习惯。

还有一种孩子容易引起关注，那就是在同龄人中扮演领导角色的孩子。人类需要领袖，但需要的是为大众谋福祉的领袖。遗憾的是，这样的领袖相当罕见。喜欢领导同伴的孩子只是喜欢统治和支配他人的感受，只有满足这一要求，他们才参与其中。所以，这类孩子的未来并不乐观，他们可能会遇到各种各样的困难。两个这种性格的人相遇，不论是结婚、交友还是经商，结局不是悲剧就是闹剧。他们总是试图通过控制对方，来满足自己的优越感。有时，孩子指派家人干这干那，家人会觉得好玩，他们开怀大笑，纵容孩子继续如此行事。可是，我们很快便会发现，这种做法对孩子性格的培养毫无益处，自然也不利于他们适应社会生活。

当然，孩子性格不同、各有特点，我们不能将他们塑造得一模一样。我们要做的是帮助孩子纠正那些可能会导致他失败的习惯。这些坏习惯在孩子童年时期相对容易纠正。如果任其发展，等孩子长大后再帮助他们纠正，那会对他们造成极为不利的影响。童年时期的坏习惯与成年后的失败之间有直接联系。在极端情况下，那些不具备合作精神的孩子未来可能会成长为神经质的人、酗酒者、自杀者或者犯罪嫌疑人。

患有焦虑症的孩子惧怕黑暗、陌生人及新环境，而患有忧郁症的孩子总是哭闹不停。现实生活中，我们无法接触到所有家长，帮助他们纠正错误，尤其是那些需要得到建议却从不愿接受咨询的父母。我们只能寄希望于接触教师，通过教师接触孩子，预防孩子犯错，并帮助他们纠正已经犯下的错误，同时引导他们成为独立自主、富有激情并且乐于合作的人。这是人类谋取未来福祉的最大保障。

对教学工作的观察

如果班级较大，那班里会有许多不同类型的孩子，这有益于我们了解孩子的性格差异。但大班也存在弊端，有些学生的问题被隐藏起来，让教师很难对症下药。这就要求教师熟知每个学生的性格，否则就无法吸引他们的兴趣，不利于培养学生的合作精神。我个人认为，孩子如果数年内都跟随同一个老师学习，将有利于孩子的发展。但有些学校施行教师轮换制度，每个学期就会更换一批教师。这对孩子成长十分不利，因为教师没有充足的时间真正融入学生的世界，去发现他们身上的问题，更别说帮助学生纠正错误了。如果孩子能跟随同一个老师学习三四年的时间，那教师就能更好地发现并纠正他们的问题，引导他们形成正确的人生观，这样一来，班级也会更有凝聚力。

一般而言，跳级并不是件好事。因为跳级意味着对孩子寄予厚望，而这种期望往往超过了孩子的实际能力，会让孩子倍感压力。如果孩子相对其他同学而言，年龄偏大，或者智力发展速度较快，可以考虑跳级。可如果班级是个团结的整体，这个优秀的孩子将会给其他学生带来有利影响，这对于整个班级来说，是大有裨益的。如果班中有特别出众的孩子，会带动整个班级快速进步，而让他跳级，将使整个班级失去激励因素，对其他孩子而言，这并不公平。我更倾向于在学好正常功课外，让这些出类拔萃的孩子多参加一些其他活动，发展其他兴趣，例如绘画。他在这些活动上的成功，也能带动其他孩子的兴趣，鼓励大家踊跃参与。

留级的孩子是极为不幸的。学校的教师一致认为，多数留级的学生无论在家中还是在学校都是问题儿童，尽管并不一定人人如此。因为有极少一部分留级的孩子总是安安静静地待着，不惹麻烦。可绝大多数留级的孩子并非这样，他们是班里最调皮捣蛋的，喜欢招惹是非。他们因为成绩差而被轻视，他们本身也对自己的能力缺乏信心。对孩子而言，留级百害而无一利，可从当前的学校制度来看，还是难以避免让某些孩子留级重读。有些教师利用节假日时间给这些孩子补课，帮助他们认清自己在生活方式上的错误，好使他们免于留级。这些孩子只要能认识到自身的错误，并加以改正，就能顺利跟上下一个学期的课程。事实上，我们能帮助后进生的唯一办法就是：让他们认识到自身的错误，并通过自身努力取得进步。

我曾见到有些学校将学生分为优等生和差等生，并将他们分进不同班级。在欧洲，这种现象十分常见，不知美国是否也这样。遗憾的是，差等班中全是智力低下或贫困人家的孩子，而优等班中的孩子大多生活优渥，这种分配方式显然有失公允。贫困人家的孩子所接受的学前教育远远比不上家境富足的孩子，因为他们的父母没有时间教导他们，甚至他们的父母本身就没接受过正规教育，又怎么去教导孩子呢？

我认为不宜将缺少学前教育的孩子划分到差等班。一位受过专业培训的教师应该知道，弥补学前教育缺失的最好方法是让这些孩子与受过良好学前教育的孩子在一起学习。可如果将这些孩子划分到差等班，他们会受到优等班学生的鄙视，他们自己也会愈加失落，甚至会误导他们对个体优越地位的追求。

总的来说，应该大力支持男女同校的办学模式。采用这种办学模式，可以促进男孩和女孩的相互了解，促使他们学会与异性合作。但如果就此认为男女同校能解决所有问题，那就大错特错了。在男女同校办学模式下，也会出现特殊问题，除非这些问题得到承认和解决，否则，男女同校里两性间的疏远程度会更甚于单性学校。

一个可能出现的问题就是，在16岁以前，女孩发育得比男孩快。男孩如果不了解这一点，就容易觉得丧失自尊。他们会因为自己落在女孩后面而灰心丧气。在此后的生活中，如果他们还对这种落后难以释怀，就可能变得害怕和异性竞争。赞同男女同校的办学模式，并了解问题所在的教师，往往能取得较大的成就；但那些不赞同男女同校，或者对男女同校办学模式不感兴趣的教师，往往以失败告终。男女同校的另一个特殊问题在于，如果缺乏良好的教育和监督机制，容易出现性的问题。

实际上，性教育是一个非常复杂的问题。课堂并不是适合进行性教育的场所，因为当着全班同学授课，教师不能确保每个学生都能正确理解课程内容。这样做，或许会引起学生的兴趣，却不能确定学生是否做好了接受这方面知识的准备，也不确定这些知识会对学生的生活方式造成何种影响。当然，如果学生想了解更多的性知识，可以私下向教师请教，教师应给予真实而坦诚的回答。这样，教师就有机会判断学生真正想了解哪些知识，并引导他们在正确的途径上寻找答案。但是，如果在课堂上反复讨论与性有关的话题，并没有什么益处，有些孩子甚至会产生误解，认为性无足轻重。

顾问委员会的工作

大约十五年前，出于接触教师和开展校园咨询服务的目的，我着手在个体心理学派中成立顾问委员会。此后，在维也纳及欧洲的许多城市，都证明了这个举措的价值。志存高远固然重要，可如果找不到切实可行的方法，理想就是毫无价值的空谈。经过十五年的实践，我可以自豪地说，顾问委员会的工作取得了巨大成功，它帮助我们处理了各类儿童问题，并培养儿童成为有责任感的好公民。当然，我承认，顾问委员会在个体心理学派理论的基础上运作得很成功，但我们不能就此反对它与其他心理学流派合作。事实上，我一贯强调，顾问委员会应与其他心理学流派建立联系，然后比较各个心理学流派的成果，博采众长。

在顾问委员会的运行中，那些训练有素，善于解决教师、学生及家长问题的心理学家和教师们一起探讨其在学校工作中遇到的各种问题。心理学家到学校访问，从一位或多位教师那里了解学生的案例以及其所面临的问题，例如懒惰、爱吵架、逃学、偷窃或成绩落后。心理学家会根据以往经验提出建议，并与教师讨论。他们共同梳理出问题的成因及应对策略。由于心理学家经验丰富，通常很快就能给出解决方案。

心理学家到访的那天，学生及家长也会到场。心理学家与教师商定采用何种方式与家长交谈能取得最佳效果，讨论该如何影响孩子及家长，并解释孩子失败的原因。之后，就请家长进来，由心理学家和他们谈话，以便获得更多的信息，并向家长提出帮助孩子的建议。

通常情况下，家长都很乐于听取专家的建议，并提前做好了与之合作的准备。当然，也存在抗拒咨询的家长，这种情况下，心理学家和教师通常会从其他相似的案例中得出结论，并把建议提供给他们，以便运用到孩子身上。随后，会让孩子进入咨询室，心理学家与孩子交谈，所谈内容不是他们的错误，而是他们存在的问题。心理学家探寻妨碍孩子健康成长的原因——是觉得自己受到轻视，而其他孩子却被偏爱，抑或是其他因素。心理学家不会责备孩子，而是和他们进行友好的交流，以便了解他们的想法。就算提到孩子的某个错误，心理学家也会把这种错误放在假定案例中，然后征求孩子的意见。任何没有相关经验的人都会对孩子们理解力之强以及态度转变之迅速而感到惊讶。

我培训过的教师对这项工作都乐在其中，无论如何也不愿放弃。这使得他们的工作更为有趣，也为他们提供了更多获得成功的机会。没有人把这当成额外负担，因为他们通常在半个小时或更短的时间内，便能解决困扰他们多年的问题。学校里的合作劲头很足，在很短时间内，大部分主要问题都得到了解决，只剩一些小问题需要处理。而教师自己俨然也成了心理学家，他们试着去理解孩子个性的统一性以及各种表现的相关性。即便是日常工作出现问题，他们也有能力自己解决。事实上，我由衷希望，教师在接受过专门的心理学培训之后，可以不再依赖心理学家。

所以，如果班上有特别懒惰的学生，教师可以组织学生以懒惰为题展开讨论。通过提问，教师可以引导学生展开讨论，比如："懒惰因何而来？""为什么有些人懒惰？""为什么懒惰的孩子不愿意改变？"以及"有哪些方面需要改？"通过讨论，学生可以得出结论。懒惰的孩子并不知道他自己就是被讨论的对象，可他身上确实存在懒惰问题，因此他会对讨论十分感兴趣，并从讨论中获益良多。如果一味指责，他可能什么也听不进去；但如果倾听一场心平气和的谈话，会引发他对这个问题的思考，并做出改变。

没有人比和孩子一起工作、一起游戏的教师更了解孩子的心灵。教师遇到的孩子千差万别，有技巧的教师能与每个孩子建立良好的关系。孩子的早期错误是会延续下去还是得到纠正，很大程度上取决于教师。教师和父母一样，是人类未来的守护者，他们做出的贡献无法估量。

第八章　青春期

什么是青春期

有关青春期的书籍汗牛充栋，而且绝大部分书中都将青春期视为危险时期，认为这是个体性格重塑的关键时期。青春期确实存在很多危险，但这些危害并不足以改变一个人的性格。青春期为成长中的孩子带来新环境和新体验，使他们感觉自己走到了生活的最前沿。个体生活方式中的错误会在青春期显露出来，经验丰富的人或许早就意识到了这些错误。随着青春期的到来，这些错误逐渐被个体察觉，并且日益凸显，不容再被忽视。

心理特征

对于年轻人来说，青春期最重要的一件事就是证明自己不再是个小孩。我们也许可以尽量让他们知道，这是人成长历程中的必然。如果成功做到这一点，将大幅减轻孩子们在青春期面临的压力。但如果孩子有必须要证明自己已经成熟的想法时，他就会不可避免地反应过度。

综合来看，孩子在青春期的许多行为都是在试图证明自己的特立独行、与成人平等以及对男子汉气概或女性气质的渴望。这些行为的趋向如何，关键在于孩子对“成长”的理解。如果孩子认为“成长”意味着摆脱束缚，那他就会反抗一切束缚。许多青少年在这一时期开始抽烟、说脏话、夜不归宿，有些孩子会突然与父母针锋相对，从顺从变得不服管教，令父母不知所措。但显然，那些表面顺从的孩子其实一直对父母心存不满，只是到了青春期，他们自认为有了更多的自由，也积聚了足够的力量，才开始公开抗议。有个男孩，一直遭受父亲的严格管教，表面上十分安静顺从，但他只是在默默等待“报复”的时机而已。等他认为自己足够强壮时，便会向父亲发起挑战，将父亲暴揍一顿，然后离家出走。

通常，父母认为没必要再继续监管处于青春期的孩子，因此，这些孩子通常能获得更多自由，也变得更为独立。但如果家长继续像以前一样监管他们，孩子就会试图摆脱控制。事实证明，父母越想证明他还是个孩子，就会激起他越加强烈的反抗。这样的争斗会滋长孩子的敌对情绪，就是我们所说的“青春期叛逆”。

生理特征

我们无法严格划分出青春期的界限。青春期一般为 14~20 岁之间，但在 10~11 岁就已经进入青春期的孩子也不鲜见。这个时期，孩子的全部身体器官都在发育，有些孩子可能会出现身体不协调的问题。比如孩子长得更高，手脚也更大，却变得不如以前灵活敏捷了。他们需要通过运动来增强身体的协调性，但在这一过程中，如果受到批评或嘲讽，他们很有可能会认为自己真的天生愚笨，有些孩子甚至会因为别人的嘲笑变得真的笨拙起来。

内分泌对孩子发育的影响随着青春期的到来而愈加活跃，但这并不是一种从无到有的改变。因为内分泌腺在婴儿期就已经发挥作用了，只是处于青春期时，内分泌腺的分泌量更大，孩子的第二性征也更为明显。男孩开始长胡须，声音变得低哑；女孩的身材更加丰满，趋于女性化。这种变化常常令他们充满疑惑，甚至惶恐不安。

自我挑战

有些孩子还未做好迎接成年生活的准备，在面对随之而来的职业、交友、恋爱、婚姻等诸多挑战时，他们会惊慌失措，缺乏信心。与他人接触时，他会羞涩缄默，更喜欢待在家中一人独处。即便到了工作岗位，他也没什么兴趣，认定自己将一事无成。在爱情和婚姻方面，他与异性相处时会尴尬而窘迫，甚至害怕和异性相处。如果有异性和他说话，他都可能会面红耳赤，不知所措。就这样，日复一日，他渐渐陷入绝望的深渊。

在极端案例中，有些个体根本无法应对生活问题，也没有人能真正理解他。他不关注别人，不愿说话，也不愿听人说话。他不学习，不工作，蜷缩在幻想的世界里，只剩下最本能的活动。这就是精神分裂症的症状，其实是对性的误读。对于这类孩子，如果能鼓励他们，指出他们的错误，并为他们指明道路，就有可能治愈他们。我们应当以客观科学的态度看待他们的过去、现在及未来，而不能仅从个人角度妄加揣测。

青春期的所有危机都源于孩子未能做好应对人生三大任务的准备。如果孩子对未来感到担忧和悲观，自然，他们便会选择最省力的办法来应对。但是，这些捷径通常难以取得良好效果。越是受到批评、告诫或施压，这些孩子越会觉得如临深渊。我们越是督促他，他越想后退。除非给予他们鼓励，否则所有的努力都是白费。他们是如此悲观和恐惧，我们无法指望他能自觉自愿地奋发图强。

常见的青春期问题

被溺爱的孩子

众所周知，那些被家人溺爱的孩子更容易在青春期出现严重问题。这点很容易理解：那些习惯于家人为他们安排好一切的孩子，很难独自肩负起成人的责任。他们仍想被众人宠爱，但随着年龄增长，他们会发现自己不再是众人关注的焦点，于是便认为生活欺骗了自己，导致自己惨败。他们成长在父母营造的温暖世界中，认为外面的世界过于冷漠无情。

沉溺于童年

有些人长到青春期，仍然沉溺于幼年的幻想中，他们甚至模仿婴幼儿的语调说话，喜欢和比自己小的孩子玩耍，假装自己还没长大。然而，绝大多数孩子想尝试以成人的姿态行动，即使不一定真的勇敢，他也会亦步亦趋地模仿大人，比如大手大脚地花钱、招蜂引蝶、拈花惹草。

轻微犯罪

孩子并不清楚该如何处理生活中的棘手问题，他们可能肆意而为，甚至走上犯罪之路。如果他们做的坏事没有被发现，那么他可能会认为自己足够聪明，可以再次逃过处罚——一旦有了这种想法，他很有可能再次犯罪。犯罪是逃离人生问题的捷径，特别是在面临经济问题时。所以，青春期的孩子，违法犯罪发生率剧增。此时，我们面临的并非全新情境，而是在更大的压力下，儿童时期积聚的错误开始暴露出来。

神经质

对于那些不爱交际、比较内向的孩子而言，神经质是最简单的逃避方法。青春期的孩子，很多都会表现出神经功能失调或其他神经质症状。每种神经质症状，都可以让个体继续保有优越感，并成为他们拒绝解决某种人生问题的绝佳借口。如果个体尚未做好迎接社会生活的准备，却必须面临社会问题的重压，往往就会出现神经质症状。处于青春期的孩子，对外界压力异常敏感，所有器官都可能被刺激，进而影响到整个神经系统。这种身体上的不适为个体的犹豫或失败提供了另一种借口。在这种情况下，个体往往暗自认为，我自己痛苦，便无须对任何人及任何事负责，神经质症状由此产生。

每个神经质患者都表现出愿意承担应有的责任和面对人生问题的诚挚意愿。可问题一旦摆在面前，他们便会将自己此前的想法推翻，神经质正是他们搪塞的借口。他似乎在告诉别人：“我很想解决自己的问题，可不幸的是，我有心无力。”从这一点看，神经官能症患者和犯罪嫌疑人有所不同。犯罪嫌疑人心怀恶意，且没有责任感。可是，我们很难说哪种人对人类利益更为有害。神经官能症患者动机不坏，但自私、刻薄，不愿与人合作，而犯罪分子则思想恶劣，即便稍微有点责任感，也会费尽心机地加以遏制。

与预期相悖

当孩子进入青春期，我们会发现他们的发展常常会朝着相反方向进行。那些被寄予厚望的孩子，在学习和工作上遭遇失败；而那些原本被认为资质平平的孩子开始超越他们，并展现出让人意外的才能。这种现象和此前的状况并不矛盾。一个原本很有前途的孩子，可能会因为害怕让人失望而焦虑不安，背上沉重的包袱。此时如果获得支持和赞赏，他们就会继续进步；但如果需要独自面对，他往往会丧失勇气，放弃挑战。而另外一些孩子因为青春期所获得的自由而信心十足，他们看到了实现自己抱负的光明大道，他们的脑海充满了新构想和新计划，他们拥有更强的创造力，对生活充满激情。无疑，这种孩子坚毅勇敢，他们不畏惧独立带来的艰难险阻，而是在冲破艰难险阻后取得更多成就，并获得更多为社会做贡献的机会。

渴望赞赏与认同

那些自认为此前被轻慢或忽视的孩子，在与同伴建立良好的关系后，便希望可以得到他人的赞赏。他们中的许多人会沉浸在这种祈求他人赞赏的愿望中。对于男孩而言，过于追求他人赞赏是相当危险的。许多女孩更是缺乏自信，将获得他人赞赏视为证明自身价值的唯一途径。这些女孩很容易成为那种大献殷勤的男人的猎物。我见过很多这样的案例，有些女孩在家不受父母关爱，她们与人发生性行为，不仅是想证明自己已经长大成人，而且是想获得他人赞赏，并满足成为他人关注焦点的虚荣心。

我想以一个 15 岁的女孩为例，这个女孩出生在一个贫苦家庭。她的哥哥自小体弱多病，母亲不得不将大部分精力放在哥哥身上，无法给她更多关爱。此外，她父亲在她小时候也生病了，这使得她母亲照顾她的时间更加有限。

因此，这个女孩一直渴望被人呵护，因为她在家里从未享受过这种待遇。后来，她的父亲痊愈了，可她又有了一个妹妹，母亲自然将全部注意力放在了妹妹身上。所以，女孩认为她是家里最不受关注的人。她在家规规矩矩，在学校也表现得很好。因为成绩优秀，她被推荐升学。进入高中后，她无法适应新环境和新老师，也适应不了新学校的教学方式，成绩一落千丈。老师自然会批评她，而这让她备感失落。她想得到赞赏，可在家里和学校都无法得到，她还有什么办法呢？

于是开始寻找能欣赏她的男人。在和一个男人相处几次后，她就离家出走，和那个男人同居了。家人非常担心，四处找她。正如我们所料，她很快就发现自己没有得到想要的赞赏，于是开始懊悔自己的行为。她想到了自杀，于是给家里写了一封信，说："别担心，我服毒了，但我很幸福。"其实，她根本没有服毒，因为她心里清楚，父母其实是关心她的，她想以此博得同情。所以，她根本没有自杀，只是盼着母亲来找她，带她回家。如果这个女孩一开始就明白自己的行为只是为了得到赞赏，那就不会发生这么多事了。如果新学校的教师能多了解她一些，也不至于发生这些事。高中以前，女孩一直成绩优异，如果她的高中老师注意到她对赞扬的敏感以及对关爱的需求，也就不会粗暴地批评她，她也不至于灰心丧气。

还有一个案例，一对父母，性格都很软弱，非常渴望生个儿子，不幸的是，他们生了一个女儿。这对父母重男轻女，所以对女孩的出生很失望。这个孩子没有得到应有的家庭关爱，而且她常常听到母亲对父亲说："这个孩子一点也不漂亮，长大了也不会有人喜欢她。"或是："她要是长大了，我们该拿她怎么办？"在10多年的时间里，她一直处在这样恶意的家庭环境中。有一次，她发现母亲一位朋友的来信，信中对她母亲只有一个女儿表示同情，并安慰说她还年轻，还有机会再生个男孩。

我们可以想象这位女孩的心情。几个月后，她到乡下探望叔叔，在那里认识了一个智力低下的男孩，并和男孩恋爱了。她为那个男孩付出很多，可男孩还是离开了她，这使她异常痛苦。我见到她时，她已经有了很多情人，却没能从任何一段感情中得到足够的尊重。她来找我咨询焦虑症，她甚至不敢独自出门。当她因为自己是个女孩而得不到家人喜爱时，她就开始用其他方法。她用自己的病痛来折磨家人，以此赢得他们的关注。她总是哭闹，还常常用自杀威胁家人。要想让这个女孩认清自己的处境，并不是一件容易的事，她很难认识到，自己只是过于看重青春期被人忽视的感觉。

青春期性欲

在青春期，孩子们普遍重视或夸大两性关系，他们想以此证明自己的成熟，可结果往往事与愿违。比如，一个女孩要反抗自己的母亲，认为母亲对自己管束太多。这种情况下，她很可能用滥交来向母亲示威。事实上，她根本不在意母亲是否会发现，能让母亲不安才是她的真正目的。所以，我们常看到，一些女孩子在和父母大吵之后，迅速陷入一段性关系中。这些孩子平时往往是个“乖乖女”，家教也不错，我们几乎不敢相信她们会如此行事。然而，这些女孩并非本性不好，她们只是思想陷入误区，认为自己不受重视、低人一等，误认为只有这样才能让她们获取强势地位。

对男性的钦羡

许多在家中娇生惯养的女孩难以适应女性角色，因为她们的脑海被一种思想占据，认为女性不如男性强势，于是这些女孩便讨厌成为女人，这种表现被称为“男性钦羡”。女孩的这种“男性钦羡”表现为多种形式，有时她们厌恶或回避男性，有时她们喜欢和男性交往，但真正和男性在一起时，又表现得十分拘谨。她们不敢主动接近男性，也不愿参加有男性在场的聚会，听到关于性的话题就感到尴尬不安。随着年龄增长，她们虽然嘴上说想步入婚姻殿堂，但是并不愿和异性接触、交往。

有时，处于青春期的女孩对女性角色的厌恶会有更激烈的表达。她们的行为举止更趋向男性，她们试图模仿男孩，特别是他们的劣迹，如抽烟、喝酒、骂人、打架、拉帮结派以及放纵性欲。她们经常辩解说，如果不这样做，就无法赢得男孩的欢心。

如果她们对女性角色的厌恶进一步发展，往往会出现性行为偏差或卖淫行为。几乎所有性工作者都有不愉快的童年，她们认为自己生来就地位低下，永远无法得到男性的真正疼爱。即便事实并非如此，这一切只是她们自己的想象。到现在，我们终于能理解她们为何看轻自己，自暴自弃，将自己的身体视为谋生手段了。其实，并非只有青春期的女孩子才会有这种心理，很多女孩自孩童时期就憎恶成为女性，她们只是没机会也没必要表达而已。

并不是只有女孩存在“男性钦羡”，那些过于看重男子汉气概的男孩也希望成长为刚气十足的男子汉，并怀疑自己是否足够强壮。我们的文化也给那些崇尚阳刚之气的男孩子带来压力，在他们尚未完全确定自己的性别角色时，更是如此。不少孩子已经长到几岁了，他们还模糊地认为性别是可以改变的。所以，在两岁前让孩子知道自己的性别角色，是至关重要的。

长得像女孩的男孩总是会度过一段艰难时光，因为陌生人总是难以立刻分辨他的性别，甚至家里的朋友也会说："你真应该是个女孩。"这样的孩子，很可能会认为自己长相俊秀是一种缺陷，甚至影响以后的爱情和婚姻。如果那些男孩不清楚这些因素对他们的性别角色并无妨碍，他们可能会模仿女孩的行为举止，比如涂脂抹粉、搔首弄姿、任性而为。

成长期

孩子在四五岁时就已经形成了对异性的基本看法。婴儿在几周时就表现出性冲动，在没有找到恰当的发泄途径前，我们无须理睬。此时孩子的性冲动只是一种自然表现，我们无须大惊小怪。几个月大的婴儿可能很好奇自己的身体，或许还会抚摸自己，我们不必过于担心，只需引导孩子转移注意力，把他们的关注焦点从自己的身体转向周边世界就好。

如果孩子无法停止这种自慰行为，那就得另想办法。这种情况下，我们可以断定的是，这种行为并不是性冲动的结果，而是他想通过这种自慰行为达到某种目的。通常来说，孩子的目的是引起关注。比如，他在抚摸自己身体时，觉察到了父母的担忧和害怕，为了吸引父母的目光，他便经常做出这种抚摸行为。因此，当他的这种行为不再有人关注时，他们就会放弃。

父母为了表达关心和爱意，亲吻或抚摸自己的孩子是没有问题的，但不应碰触到孩子的敏感部位，以免不恰当地激起孩子的生理反应。所以，父母在抚摸孩子时，一定要多加小心。此外，有些人提到，他们在父亲的书房里发现了色情读物或影片，激发了他们的性冲动。所以，不要让孩子接触到这些图书或影片，不要激起他们的性欲，这样可以避免很多麻烦。

我们先前提到过另一种形式的刺激，那就是给孩子传授一些不必要、不恰当的性知识。许多成人热衷于性教育，他们担心孩子长大后对此一无所知。但我们反省一下自己和旁人的经历就会发现，他们预料的那种灾难性后果并没有发生。所以，在孩子好奇时，才是进行性教育的最好时机。即便孩子不说出口，细心的父母也能觉察到孩子的好奇。如果孩子和父母关系融洽友好，他们一定会向父母说出自己的疑惑，而父母也应该用明白易懂的方式给出解答。

此外，我们也建议父母尽量避免在孩子面前做过于亲密的举动。如果条件允许，最好不要和孩子睡在同一间卧室，更不能同床睡。而且，女孩最好不要和兄弟同居一室。父母应该细心观察孩子的生长发育情况，不能掉以轻心。如果父母不了解孩子的性格特征和发育情况，就永远不会了解孩子受到了怎样的影响。

期待青春期

个体在人生历程中总会经历一些转折点，这些转折点对个体的成长有重要的个人意义。青春期，就是人们公认的不寻常的发育期。人们对更年期也有类似看法。然而，这些阶段其实只是人生中的短暂转折，并不会带来剧烈变化，它们仅仅是生活的发展和延续，并没有什么特殊性。重要的是，个体在这个阶段获得了什么、他们赋予这些事物什么意义，以及他们对这个阶段持有什么样的态度。

青春期来临时，孩子们往往会束手无策，如临大敌。我们仔细观察便会发现，孩子们担忧的不是青春期的生理变化，而是社会要求他们肩负起的责任。有些孩子认为青春期是一切的终结，他们原有的生活价值都消失了，他们不再拥有合作和奉献的权利，没人再需要他们。其次，青春期的所有问题都源于这种担忧。

如果孩子已经将自己看成社会成员中的平等一员，并意识到自己的责任是为社会做贡献，特别是学会以平和的心态结交异性，那么青春期就不过是一个机会，他可以借此为自身成长与未来规划做好准备。假如自认为低人一等，便会对周边环境心生误解，势必会在青春期带来的自由面前不知所措。此时，如果有人迫使他完成某些事务，他能做到；可如果要他独自面对问题，他会迟疑不决，结果注定失败。这类孩子已经习惯于被人管束，突然获得自由，会让他们无所适从。

第九章　犯罪及其预防

了解犯罪心理

个体心理学能帮助人们识别不同类型的个体，使人们意识到不同个体间虽然存在差异，但这种差异并不十分显著。例如，我们发现，犯罪嫌疑人与问题儿童、神经官能症患者、自杀者、酗酒者以及性变态者的失败模式存在很多相同之处。他们处理人生问题的方式有误，而且在某一点上，他们的失败几乎毫无二致，即缺少社会责任感，不顾及他人的权益。即便如此，我们也无法将这些个体和普通人区分开来。因为任何人都不能确保自己的责任感和合作精神是完美无缺的。为此，犯罪嫌疑人和普通人的区别仅仅在于，两者的失败程度不同。

追求优越地位

我们都想克服困难，在这一点上，犯罪嫌疑人和普通人没什么不同。终其一生，我们都在为实现人生目标而努力，这个目标能使我们变得更优秀、更强大，也更完美。有人说，我们追求的是一种安全感，也有人说我们追求的是自我保全。但不管怎样解读，我们发现每个人的生命中都有一个贯穿始终的主题——奋斗。人们不断奋斗，试图从卑微走向高贵，从失败走向胜利，从底层走向高层。这种奋斗始于童年时期，并一直持续到生命的终点。人活着就意味着不断努力跨越障碍、克服困难。所以，我们若是发现犯罪分子也有这样的目标或愿望，根本无须惊讶。

仔细分析犯罪嫌疑人的行为方式和态度，便会发现他们也追求优越地位，试图解决问题、克服困难。将他们与普通人区分开来的并非追求本身，而是实现追求的途径。如果我们意识到，犯罪嫌疑人是因为不明白社会需求、不关心他人利益，才会走上错误道路，我们便知道他们的行为是多么容易被解读了。

环境、遗传与转变

很多人并不认同这一点，所以我必须再次强调。有些人将犯罪分子排除在普通人群之外，认为他们异于常人。比如，有些医学家就认为所有犯罪嫌疑人都是智障；有些人强调遗传因素，认为犯罪嫌疑人生而邪恶，他们犯罪是不可避免的；有些人认为犯罪嫌疑人有很强的惯性，一次犯罪，便会终身犯罪。如今，有许多证据可以驳斥这种观点。而且，如果我们认为上述观点是正确的，那我们便永远无法从根本上去解决犯罪问题。我希望犯罪问题能够早日得以解决。史实证明，犯罪总会带来灾难性后果，如今，我们迫切想在消除犯罪领域有所作为。我们不能仅仅说一句“这是由遗传基因决定的，我们也无能为力”就一推了之，更不能对犯罪问题置之不理。

实际上，无论是环境因素还是遗传因素，都不具备决定性影响。因为，即便是在同一个家庭或同样的环境中长大的孩子，也常常走上完全不同的发展道路。有时，犯罪嫌疑人也出现在那些声名显赫的家庭中；而有时，那些声名狼藉的、不断有人出入监狱或劳教所的家庭里，也仍然会出现一些品行良好的孩子。此外，有些犯罪嫌疑人能痛改前非，犯罪心理学家往往也无法解释，为何有些年轻时就偷盗不断的人，60岁后却突然金盆洗手，变成了一个恪守本分的公民。如果我们坚信，犯罪倾向是由遗传因素或环境因素决定的，那就无法解释这一变化。但是，依我看来，这种现象的发生不难理解：或许是他所处的环境变了；或许是他身上的压力减轻了；或许是他的生活方式改变了；或许是经历多年偷盗后，他已经从罪行中获得了想要的东西，犯罪因此也就失去了意义；或许是他已经年老体衰、行动不便，不再适合偷盗，自然不能再行窃。

童年影响与生活方式

改造犯罪嫌疑人的唯一方法是研究他们在童年时期的遭遇，找到阻止他与别人合作的原因。个体心理学为我们点亮一盏明灯，使我们可以更加清晰地认识这个问题。五六岁时，儿童的心理已经基本形成，他们性格的各个部分被整合起来。我们知道，遗传和环境因素在孩子的成长中发挥着不可忽视的作用，而我们却很少关注孩子给这个世界带来了什么，也不太关注他们经历了什么，我们只关注孩子是如何利用这些人生经历达到人生目标的。我们对遗传因素的优劣点所知甚少，因此从以上角度入手进行调查研究显得十分必要。我们需要思索环境因素给孩子带来怎样的影响，以及他们的应对方式。

我们唯一可以为犯罪嫌疑人开脱的理由就是：他们虽然具有与人合作的精神，但这种合作远不能适应社会要求。产生这一问题的首要责任在于他们的家长，尤其是他们的母亲。家长必须懂得如何拓展孩子的兴趣，促使孩子将兴趣延伸到他人身上，让他们关注人类和未来的发展。但有些家长根本不想让孩子对其他人产生兴趣。也许他们婚姻不幸，或性格不合，或正处于离婚边缘，或彼此妒恨，所以母亲也许想独占孩子的感情和兴趣。她宠溺放纵孩子，不给他任何独立机会。在这种情况下，孩子的合作机会显然会十分有限。

对其他孩子感兴趣，对孩子社会兴趣的培养也至关重要。如果一个孩子受到家长过多的偏爱，他就会被家中其他孩子疏远，被排斥在群体之外。如果孩子错误理解这种情况，就很可能走上犯罪道路。如果家庭中的某个孩子出类拔萃，那么晚于他出生的那个孩子很可能会成为问题儿童。如果家中幼子十分招人喜欢，他的哥哥、姐姐便会感到缺乏温情，他们会为自己不被关注而感到痛苦，从而固执地认为自己不受重视。于是，他们会寻找证据，证实自己的想法。他们的行为越来越恶劣，并由此受到更为严厉的责罚，而且更加确信自己不被重视。所以，他会觉得权利被剥夺，并由此走上犯罪道路，等到东窗事发，他被惩罚后，会更加坚信自己不被关心，而且认为所有人都与他为敌。

如果孩子经常听父母抱怨命运不济、处境艰难，那他的社会兴趣会有所减少；如果孩子经常听父母对亲戚或邻居横加指责，说三道四，流露出对他人的恶意，那么孩子也会受到影响。在这种环境下长大的孩子，会对他人持扭曲态度，或是公然和父母作对。缺乏社会兴趣，就很难意识到什么是社会责任感，也难免会以自我为中心。孩子会觉得：“我凭什么要为别人着想？”在这种心态下，当他面对人生难题时，就会犹豫踌躇，转而寻求最便捷的出口。他觉得克服困难实在太难了，因此选择走捷径，即便伤害别人也无所谓。我们可以想象，他会认为这是一场战争，在战争中，就该不惜一切代价。

在此，我想列举一些案例，以此来说明犯罪的发展轨迹。

在一个家庭，长子备受宠爱，而次子是个问题儿童。就我们看到的情况，次子身体健康，没有遗传缺陷，哥哥是家中的宠儿，他总想超越哥哥，就像在进行一场比赛。次子还没有形成社会责任感，和他人交往的能力很差，总是依赖母亲，想垄断她的全部感情。可对于他来说，想超越哥哥，困难重重，因为哥哥总是名列前茅，而他却成绩垫底。

他有很强的控制欲，总对家中的佣人发号施令，指使她做这做那，就像将军调遣士兵一样。女仆很疼爱他，即使他已经20岁了，还像对待上司一样接受他的指派。面对要完成的任务，他总是感到焦虑和畏惧，所以最终一事无成。遇到困难，他总是向母亲求助，尽管他常常因此受到指责。

他突然结婚了，并且是在他哥哥之前。虽然结婚以后他的处境更加艰难，他却将这当成超越哥哥的一次伟大胜利。从中我们可以看出，他其实对自身价值看得非常低，竟然想通过这种可笑的方式来获得胜利。实际上，他根本没有做好结婚的准备，因此，婚后总是和妻子争吵不休。当他母亲无法再像从前一样资助他后，他订购了一架钢琴，可没有付款就倒卖出去了，并因此进了监狱。从这件事来看，他之所以走上犯罪道路，是因为受了童年的影响。他一直活在哥哥的阴影下，如同一棵被大树遮住阳光的小树苗。在光芒万丈的哥哥面前，他一直认为自己被轻视、忽略。

还有一个 12 岁女孩的案例，她志向远大，深得父母宠爱。她还有个妹妹，但她十分忌妒自己妹妹，无论在家还是在学校她都要和妹妹争上一番。她时刻关注妹妹，以便时刻监控妹妹是否受到了父母偏爱，是否得到了更多的糖果或是零用钱。

有一天，她偷了同学的钱，并因此受到惩罚。幸运的是，当时我正好在场，帮她分析了事情发生的原因，并劝她不要再忌妒妹妹。同时，我还向她的家人做出解释，促使她和妹妹达成和解，也让她父母尽量避免给她留下偏爱妹妹的印象。这件事已经过去 20 多年，如今，这个女孩早已结婚生子，而且为人诚恳和善。从那以后，她再也没犯过什么大错。

犯罪嫌疑人性格的构成

在第一章中，我们讨论了几种影响孩子发展的特殊情况，在此我想做一个简单的回顾。因为，只有认清个体犯罪的原因，才能帮助他们走上正确的道路。有三类孩子容易出现问题：一类是有身体缺陷的孩子；一类是被宠坏的孩子；一类是被忽视的孩子。

通过我亲自接触过的犯罪嫌疑人，以及在报纸书刊上看到的案例描述，我尝试去分析犯罪分子的性格构成。我发现，个体心理学可以帮助我在这个领域做出更深入的研究。请允许我再列举一些案例。

案例 1：康拉德案例

康拉德与人协力谋杀了自己的父亲。这个父亲忽视孩子，虐待家人。有一次，男孩反抗父亲，并将父亲告上法庭。可法官说："你父亲品德低下、胡搅蛮缠，我们也没有办法。"

请注意，在这里，法官给这个孩子找了一个借口。家人想缓和他们父子的关系，可徒劳无果，最终也无可奈何。后来，父亲竟然带回一名轻浮的女人，和她同居，并将儿子赶出家门。恰巧这段时间，男孩结识了一个短工，他很同情男孩的遭遇，建议男孩杀掉父亲。起初，男孩考虑到母亲，没有采取行动，可后来情况越来越糟糕。深思熟虑后，男孩下定决心，在短工的帮助下，杀死了自己的父亲。

从这一案例可以看到，男孩未能将合作行为拓展到父亲身上，他只依恋、尊敬母亲。所以，在他身上残留的社会兴趣全部消失之前，他需要找些借口来减轻自己的内疚感。在短工的支持和残忍手段的刺激下，他才向父亲痛下杀手。

案例 2：玛格丽特 • 史文奇格案例

玛格丽特 • 史文奇格被人称为"投毒女"。她是一名弃婴，因长期营养不良而身材矮小。根据个体心理学理论可知，这些因素会导致她爱慕虚荣，急于博取他人关注，她确实总是显出一副讨好人的样子。

经历多次尝试后，她变得绝望。她曾三次下毒毒死其他女人，目的是占有她们的丈夫。她觉得那些男人是她的，只是被那些女人抢走了。除了下毒，她想不出更好的办法来“讨回属于自己的东西”。为了控制这些男人，她还谎称怀孕、宣称自杀。她的自传（很多犯罪嫌疑人都爱写自传），不经意地证明了个体心理学的观点，但她自己并没有意识到。她写道：“没有人会为我难过，现在又何必去操心是否会让别人难过。”

从这些话中，我们可以理解她是如何走上犯罪之路的，并且可以看出她是如何进行自我安慰的。我建议人们尝试着去与他人合作并将兴趣关注点放在他人身上时，常常听到这样的回答：“可别人都对我没兴趣啊！”

我总会回答说：“总得有人迈出第一步。别人不肯合作，与你无关。我的建议是，你应该迈出第一步，而不是担心别人是否愿意与你合作。”

案例 3：N.L. 案例

N.L. 是家中长子，他在糟糕的环境中长大，是个瘸子。他在弟弟们面前充当着父亲的角色。从中可知，N.L. 追求优越地位，尽管可能一开始是为了弟弟好，但当这种“好”发展成个体骄傲和炫耀欲望时，他就可能成为一个骄横暴躁的人。最后，他竟将自己的母亲赶出家门，并且骂道：“滚出去，你这个老太婆！”

让我们感到悲哀的是，这个男孩甚至连母亲都不在意。如果我们清楚他的童年生活，就会明白他是如何走上犯罪之路的。他曾经失业很久，一贫如洗，甚至染上性病。一天，他再次求职无果后，为了抢走弟弟那微薄的工资，他在回家的路上杀死了自己的弟弟。在此，我们可以看到他合作意愿的极限：在没钱、没工作、得性病的处境之下，他会觉得无路可走。

案例 4：

有个孩子，他很小就成了孤儿，后来被人收养。养母对他的溺爱到了令人难以置信的程度。结果可想而知，他变得毫无教养，总想得到别人的关注，与人竞争，高人一等。养母总是纵容他，并鼓励他实现自己的野心。结果，他成了一个诈骗犯，为了得到钱财而不择手段。他的养父母出身贵族家庭，于是他也装出贵族派头，将所有钱财挥霍一空，然后把养父母赶出家门。

教育不当和过度溺爱使他不务正业，最终走上歧途。他的人生目标就是用谎言和欺骗征服所有人。养母爱他，胜过爱自己的丈夫和亲生子女，这使他觉得自己能为所欲为，但他依然轻视自身价值，认为自己没有能力通过正当途径获得成功。

犯罪、疯狂和怯懦

在进一步讨论之前，我想先驳斥那种认为所有犯罪嫌疑人都是疯子的观点。当然，确实有些精神病患者会犯罪，但是他们犯罪和我们平常所说的犯罪性质不同。我们不能让他们承担相应的犯罪后果。实际上，犯罪源于我们不能理解他们，甚至以错误的方式对待他们，最终使得他们以更错的方式对待别人以及社会。

同样，我们不能将智力低下的人当作犯罪嫌疑人，他们只是充当了别人的犯罪工具。他们头脑简单，容易被别有用心的人利用。那些别有用心的人常会为他们描述一个美好的未来，激起他们的贪婪和野心，而操纵他们的人却躲在背后，唆使他们行动，承受风险。当然，年长者利用年幼者犯罪也是同样性质。经验丰富的犯罪嫌疑人总是在幕后策划，而被教唆犯下罪行的却是少不更事的孩子。

事实上，所有犯罪嫌疑人都是懦夫，他们觉得自己无力解决，因而总是试图逃避问题。他们的生活方式和犯罪方式都暴露出他们的懦弱。他们常常躲在暗处，或是偏僻的地方，对毫无防备的受害者发起突然袭击，在受到反击前就开始攻击。犯罪嫌疑人自认为勇敢，但我们绝不能认同，他们不过是在鼓着胆子说大话。犯罪是懦夫对英雄的拙劣模仿。他们追求的是自己想象的优越，想证明自己是个英雄，但这不过是错误的人生观，也是对人生的误解。我们知道犯罪嫌疑人是懦夫，可如果他们意识到我们已经知道这一点，必将遭受巨大打击。他们自以为比警察聪明，特别是警察尚未抓获他们时，常常会觉得“他们永远也抓不到我”，因此虚荣心得到巨大满足。

不幸的是，我们仔细调查那些犯罪嫌疑人的审问记录便可以知道，有些犯罪嫌疑人确实在逍遥法外。令人遗憾的是，等到他们落入法网时，不是忏悔所犯下的罪行，而是在暗想：“我这次太大意了，所以才被抓，以后要更加小心才行。”如果他们逃脱了追捕，就会觉得自己实现了人生目标，自以为高高在上，被人崇拜赞赏。我们必须消除犯罪嫌疑人评定自身勇气和智商的方法，但我们应该从哪着手呢？其实，从家庭、学校或社会方面着手都可以。下文我会谈论最佳解决办法。

犯罪类型

一般而言犯罪嫌疑人分为两种类型：一种是他们知道要与他人合作，应该关心他人，可他们从不这样做，而是认为所有人都充满敌意，自认为孤立无援、不被赏识；另一种是被宠坏的孩子。我在犯人的供词中经常看到这样的抱怨："我母亲太溺爱我了，以致我走上了犯罪之路。"这一点值得详细讨论，但我想再次强调的是，虽然犯罪嫌疑人作案的类型多种多样，所受教育也各有不同，但实际上他们的共性是没有学会合作之道。

每个父母都希望把孩子培养为栋梁之材，却不知该怎样做。独断和严厉并不能让他们达到目的；凡事都由孩子做主，事事顺从他们，那无疑会让孩子把自己看得无比重要，拥有他人无法比拟的地位。这样会使孩子失去上进心，只想成为被关注的对象，期待不劳而获。当他们的愿望无法实现时，就会怨天尤人。

犯罪案例

现在，让我们来研究几个案例，看看能否证明上述观点，尽管这些案例并不完全是为了这个目的所写。

第一个案例引自谢尔登•格卢克与莉诺•格卢克合著的《犯罪生涯五百例》，篇章题目为“热血约翰”，是一个男孩自述的犯罪经历。

“我从没想过自己会变得这么不服管束。在十五六岁前，我和其他孩子没有什么两样。我喜欢运动，经常从图书馆借书看，懂事明理，会把一切安排得井然有序。后来，在父母的逼迫下，我退学了，出去工作。他们除每周给我 50 美分的零花钱外，拿走了我其余的全部工资。”

他说这些，是在控诉父母。我们如果了解了他与父母的关系和他的家庭状况，便会知道他犯罪的原因，并能体会到他的切身感受了。但到目前为止，我们只能断定他和父母关系不和。

“大约工作一年后吧，我交了个女朋友。她是个喜欢享受的女人。”

其实，我们常常看到因为结交了贪图享乐的女人而走上犯罪道路的犯罪分子。这是个让人头疼的问题，同样也是对他们合作精神的严峻考验。他与一名贪图享乐的女孩交往，可他每周只有区区 50 美分的零用钱。其实，钱不是维持爱情的唯一因素。天涯何处无芳草，他却找错了人。如果类似情况发生在我身上，我会直截了当地说：“如果她要的只是享乐，那就不是我要找的人。”但是，不同的人价值观也不同。

“这个年头，就是生活在小镇上，每周 50 美分也不能满足一个女孩的花销。可老头子不肯给我更多的钱。我满腔怒火，又痛苦不堪，一心想着怎样才能弄到更多的钱。”

按照一般的思维方式，我们会说：“四处找找工作，或许可以多赚点钱。”可他并不这样想，他交女朋友就是为了快活，并不愿为此吃苦。

“有一天，我在路上遇到一个陌生男人，很快我们就熟了。”

对他而言，和陌生人交往无疑是一种考验。一名有着正常合作能力的男孩是不会误入歧途的，可他此时已经心存邪念，所以很容易被带坏。

“他是个小偷，聪明能干，胆大心细，经验丰富。我们一起行动时从来不会空手而归。我们在镇上做了很多案子，从没被逮住。从那以后，我就一直干这行。”

据说他的父母有自己的房子。父亲在工厂干活勉强维持生计。他们家里共有三个孩子，除他以外，家中成员都没有违法记录。我很好奇，那些坚信遗传对人有重大影响的专家们如何解释这个案例。这个男孩承认，他 15 岁时就发生了第一次性关系。我敢断定，肯定有人说他纵欲。可这个男孩并不介意别人的看法，除寻欢作乐之外，他对其他人没有任何兴趣。他只想通过这种方式成为异性顶礼膜拜的性感英雄。

16 岁那年，他因为伙同他人入室抢劫被捕。问询记录证实了我们的分析。他想表现出成功人士的模样来得到女孩子的芳心，因此在她们身上花费重金。他头戴宽檐帽，颈系印花围巾，腰挎左轮手枪，简直就是西部不法之徒的翻版。他空虚又虚荣，想成为别人心中的大英雄，可又不知该怎么做。面对指控他供认不讳，并且声称：“不止这些，还有很多。”

“我觉得活着没意思，对任何事都不感兴趣，蔑视所有人。”

这些看上去有意识的思考其实是无意识的，他根本不明白生活的意义。在他眼里，活着就是一种负担，他不明白自己为何如此沮丧。

“我学到的就是不要相信任何人。人们说小偷之间不会互相欺骗，其实不是这样。我曾经真心对待我的同伴，他却反过来欺骗我，甚至在我背后捅刀子。”

“如果有足够多的钱，我就会过本分的生活。我是说，要是有足够的钱，我就可以随心所欲，根本不用工作。我厌烦工作，永远也不想工作。”

我们可以这样理解最后一点：我的犯罪生涯是被逼出来的。我不得不压抑自己的欲望，所以走上了犯罪之路。我们应该详细分析这一点。

“我从不以犯罪为乐。当我开车到有‘目标’的地方时，就会不由自主，干上一票，然后迅速逃离。”

他自认为是个英雄，不愿意承认这是懦弱的表现。

“有一次，我身上带着价值 14000 美元的珠宝，却因为愚蠢地想要换成现金去见我的姑娘，被警察抓住了。”

这类人在女人身上拼命花钱，就是为了赢得她们的好感，因为他们将征服女人看得无比荣耀。

“监狱里开设各种课程，我打算竭尽所能去接受教育——不是为了改过自新，而是为了成为社会上的厉害人物。”

这表示他极度仇视社会，并且根本不想与任何人再有关系。

他说：“要是以后我有了儿子，我定会拧断他的脖子。因为将他带到这个世界上，本身就是一种犯罪。”

那么，我们该如何让这类人改过自新呢？唯一的办法是向他证明，他仍然具备与人合作的能力，让他意识到自己思想的错位。我们只有找到他童年时期就已形成的对人生的误解，才能帮他走上正途。

这个男孩童年时期一定是经历了什么事情，以致他对人类充满敌意。可案例中并没有详尽描述。我们可以猜测，他或许是家中长子，如其他长子一样，起初备受家人宠爱，但伴随着其他孩子的出生，他认为自己被抛弃了。如果我猜得没错的话，大家便会发现，即使是些微不足道的小事也能阻碍合作精神的培养。

约翰提到，后来他被送进感化学校，备受虐待。所以，离开感化学校时，他对社会充满仇恨。在此，我想声明的是，从心理学观点来说，犯罪嫌疑人将会把在狱中遭受的粗暴待遇视为挑战和磨炼。同样，如果犯罪嫌疑人一再听到别人“重新做人”的告诫，他们也会将之视为挑战。他们想成为英雄，自然乐于接下这种战书。他们认为社会在不断挑衅自己，于是就下定决心，和整个社会抗争到底。对觉得自己在与整个世界作战的人而言，还有什么事能比这更令他兴奋呢？

教育问题儿童也是如此，最糟糕的管教方式就是挑战他们。因为孩子会想：“看咱们谁更厉害！看谁能坚持到最后！”他们和犯罪嫌疑人一样，想证明自己是个英雄。并且知道，如果足够聪明，就能逃脱法律的制裁。在监狱或劳教所，看守者向犯人发起挑战，是极端错误的做法。

现在，我们再看一个已经被判决的杀人犯的案例。他残忍地杀死了两个人，并且在作案前写下了作案动机。他的日记给我们提供了解犯罪动机和犯罪过程的机会。任何犯罪分子都会在作案前有所谋划，而且他们的作案计划，通常都包含对自己行为的辩护。我从未见过一个会简单明了交代犯罪过程的犯罪嫌疑人，犯罪分子总是会为自己的犯罪行为极力辩解。

在此，我们可以看出社会责任感的重要性。即使是犯罪嫌疑人，也必须向其妥协。与此同时，他们想不受社会责任感的束缚，然后实施犯罪。陀思妥耶夫斯基的小说《罪与罚》中有这样的描述：拉斯柯尔尼科夫在床上足足思索了两个月，考虑自己是否应该犯罪。他不断问自己："我是拿破仑，还是胆小鬼？"

犯罪嫌疑人总是靠这样的幻想自我欺骗、自我激励。事实上，犯罪嫌疑人明白什么是有意义的人生，也明白什么样的人生没有意义。然而，因为天生怯懦，他们没有勇气过有意义的生活，也没有为社会做贡献的能力。解决生活中的问题需要进行合作，可他们并没学会如何合作。犯罪嫌疑人总会找一些借口，如生病、失业等，来减轻自己的罪责。

以下便是杀人犯的日记节选：

"别人都轻视我、嫌弃我，我的家人也不例外（他天生鼻子畸形）。我痛不欲生，生无可恋，再也忍受不了了。我可以被人遗弃，听天由命，可总感饥肠辘辘的身体却不这么认为。"

他开始为自己辩解："有人预言我会死在绞刑架上，可饿死和绞死有什么区别？”

预言和挑战一样，起着相同的作用。在另外一个案例中，一位母亲对他的孩子预言：“早晚有一天，你会勒死我。”果不其然，孩子在 17 岁时，勒死了她。

他在日记中继续写道：“既然难逃一死，那还顾及什么后果呢？我喜欢的女孩都不理我，我现在一无所有，谁也不能把我怎么样。”

他很想得到一个女孩的赏识，可他连件像样的衣服都没有，更没有钱。他将那个女孩看作自己的财富，有了她恋爱和婚姻问题都可以解决。

“事情到了这个地步，要么被人拯救，要么彻底毁灭。”

我必须说的是，这种人一般都喜欢走极端或是与人为敌。他们就像小孩子一样，要么要全部东西，要么就什么都不要。他只在两个极端中做出选择，饿死或是绞死，拯救或是毁灭。

“所有事情都准备好了，就等着星期四的到来。我已经选定了谋杀对象，机会一到，就可以干出一件惊天动地的大事。这种事一般人可干不来。”

他认为自己是不可一世的英雄：“这件事情恐怖至极，不是谁都能做到的。”他持刀袭击了一个男人，男人当场死亡。这的确不是谁都能做出来的事。

“就像驱赶羊群的牧羊人，饥饿驱使人犯下最邪恶的罪行。或许，我再也见不到明天的太阳，可顾不了那么多了。现在，最急需解决的问题是饥饿，我已经无路可退了。坐上审判席那天，就是我痛苦的终结。人都得为自己做过的事付出代价，但这总比饿死强。如果因饥饿而死，没人会多看我一眼。行刑时，一定会有很多人来看我，或许会有人会为我难过，或许会有人认为我是个敢做敢当的大英雄。我应该按计划行事，没有人像我今晚这样恐惧难熬。”

我们知道他并不是自己想象中的英雄。接受审讯时，他说：“我没有刺中他的心脏，可他还是死了。我知道自己犯了死罪，会被处以绞刑。但他穿的衣服太华丽了，我一辈子都穿不起。”此时，他不再声称饥饿是他的作案动机了，而坚持说是衣服诱使他犯罪。他辩解称：“我不知道自己当时在做什么。”对于这样的辩解，我们时常耳闻。有时，犯罪嫌疑人为了推卸责任，常常会喝得酩酊大醉再去作案。

通过上述案例，我们可以知道，他们需要怎样艰难的挣扎，才能打破社会兴趣的束缚。我相信，上述关于犯罪嫌疑人生涯的描述，体现了我此前提到的那些要点。

合作的重要性

现在，让我们回到前面的主题：犯罪嫌疑人和普通人一样，都想取得成功，为自己争取有利的地位。但是，两者目标有所不同。犯罪嫌疑人的目的在于谋取私利，他们从不在乎别人的权益，拒绝与人合作。所有社会成员都应为人类的共同利益谋福祉，互相帮助，相互合作。犯罪分子的人生目标对社会毫无益处，这是所有犯罪嫌疑人思想的共同特征。关于他们这种思想的成因，我们会在以后加以详细论述。在此我想明确，要想真正了解一个犯罪嫌疑人，最重要的是探寻其与他人在合作中的失败程度及性质。

犯罪嫌疑人的合作能力不尽相同，有些人的合作能力稍微强点，有些人的合作能力很弱。比如，有些只犯些偷鸡摸狗的小罪，而有些则非大案不做；有些人是主谋，有些人只是从犯。要想明白犯罪的各种类型，我们必须了解他们的生活方式。

性格、生活方式及三大课题

如前所述，四五岁时，个体生活方式的基本特征就已经形成。由此可以推断，改变个体的生活方式绝非易事。生活方式对个体性格的形成起着决定作用，个体只有认识到自身性格方面的缺陷，才能尝试做出改变。于是我们就会明白，为什么许多犯罪嫌疑人屡受惩罚，遭受侮辱和歧视，被剥夺许多生活权利后，却仍然屡教不改，一次又一次重蹈覆辙。

其实，驱使犯罪嫌疑人作案的主要原因并不是经济问题。当然，不可否认，在经济萧条时期或人们经济拮据时，犯罪率确实有所上升。统计数据表明，有时犯罪案件的增加与物价的增长成正比。然而，并没有明确证据表明经济形势是犯罪的成因，它不过是一个信号，说明人类行为会受到各种限制。他们的合作能力有限，当到达或超出这些极限时，他们便无力再做出贡献。一旦最后残存的合作精神泯灭，他们就会犯罪。通过一些案例我们可以看到：有些人在良好环境下不会犯罪，可一旦出现一些始料未及的问题，他们就可能走上犯罪之路。此时，生活方式与处理问题的出发点成为他们犯罪的主要因素。

从个体心理学派所做的研究中，我们可以得出如下结论：犯罪嫌疑人不关心他人。他们只在一定程度上拥有合作能力，当合作超越他们的承受限度时，他们便会犯罪。一个超出他们能力范围的问题就会成为压垮骆驼的最后一根稻草。我们分析人类终须面对的问题便会发现，与人交往似乎是人生中最大的问题，其他问题都处于从属地位，而这些问题只有建立在对他人感兴趣的基础上，才能被真正解决。

在本书第一章中，我们论述过人生的三大问题。

第一个是人际关系问题。犯罪分子有时也有朋友，但仅限于他们的同类。他们拉帮结派，甚至可能彼此忠诚，可他们交往的范围十分狭小，他们无法与一般的社会大众成为朋友。他们将自己置于一个临界点上，犹如身处异乡的陌生人，根本不知道怎样轻松愉快地与他人相处。

第二个是职业问题。谈到工作，很多犯罪嫌疑人会说：“你根本想象不到我工作的环境有多恶劣！”他们觉得工作不如意，却不愿像其他人那样去适应环境、克服困难。从事一份有意义的工作意味着关心并造福他人，而这正是犯罪分子所缺乏的。他们很早就显现出合作精神的缺失，多数犯罪嫌疑人并没有做好准备来满足工作需求。一般而言，犯罪嫌疑人缺乏职业知识和技能。回顾他们的生活经历，便会发现，他们在学校期间，甚至是在童年时期，就已经显露出这种性格特征：他们关闭了兴趣的开关，不愿与人合作。人们经过指导才能学会合作，可犯罪分子从未受过这方面的培训。因此，当遇到无法解决的工作难题时，他们便会推卸责任。我们也不能因此责怪他们——因为如果我们强烈要求他们与人合作，就好比是让一个从未学过历史的人参加历史考试，我们收到的不是漏洞百出的答案，就是一张白卷。

第三个是爱情问题。一段美好而成功的爱情，需要彼此情投意合。监狱或劳教所里的犯罪嫌疑人，有一半患有性病，这很能说明问题。但或许，这也表明，他们在面对爱情问题时总想走捷径。他们将恋爱对象视为私有财产，而且认为，性是可以交易的。对这些人来说，性意味着征服和占有，他只想占有他人，而不是寻找终身伴侣。很多犯罪嫌疑人会说："如果我不能随心所欲，那活着还有什么意思？"

生命的三个问题中，缺乏合作精神是一项重大缺陷。我们每时每刻都需要与人合作，合作能力体现在我们的言谈举止中。如果我观察无误，犯罪嫌疑人的观察能力、倾听能力以及表达能力都与常人不同。他们的智力发展也很可能由于这种差异而存在缺陷。我们在和他人交谈时，总是试图让每个人都能理解。其实，理解本身也是一种社交能力。诉说者所传达的意思和倾听者所理解的意思应该一致。然而对犯罪分子来说，事情并非如此，他们有自己的逻辑和才智——我们通过犯罪嫌疑人对自身犯罪行为的解释就可以看到这一点。他们并不笨，心智也没有问题。绝大多数情况下，如果我们认同他们虚构的个人优越地位，就会觉得其实他们得出的结论合乎情理。

有的犯罪嫌疑人会说："我看到一个人穿着讲究，就想杀了他，因为我没有那样的衣服。"如果我们按照他的逻辑方式思考，认同他的欲望高于一切，并且不再强求他像普通人那样努力谋生，反而会认为他很有道理。然而，这并非人们的共识。匈牙利曾经发生过一桩刑事案件，几个妇女被指控多次投毒谋杀。其中一个妇人被送进监狱时说："我儿子病了，又没有工作，我只能毒死他。"如果她不想与人合作，还能有什么选择？她并不傻，但看待事物的角度与常人不同。这样，我们就明白了，那些看到喜欢的东西就想据为己有的犯罪嫌疑人，他们的思维方式异于常人，他们认为自己必须把喜欢的东西从这个充满敌意的世界中夺过来。引导他们如此行事的是错误的人生观，是对自身和他人重要性的错误评估。

早期生活对合作的影响

在此，我想列举几种可能导致合作失败的环境。

家庭环境

某些问题要归咎于家长。也许他们经验不足，没有传授孩子良好的合作知识；也许他们认为万无一失，拒不接受别人的帮助；或者他们本身就缺乏合作能力。在婚姻失败的家庭中缺少合作精神。第一个与孩子建立联系的通常是母亲，可有些母亲并不希望孩子将兴趣延伸到父亲、其他孩子或成人身上。

又或者，他可能是家中唯一的孩子，是全家人关注的焦点。可在三四年后，另外一个孩子出生了，这让他感觉自己地位不保，因此备受伤害。所以，他开始排斥自己的父母或弟弟、妹妹。这些都是我们需要考虑的因素。探究犯罪嫌疑人的早期生活，几乎总能发现他们的某些思想或行为在童年时期就已经有所显露。起决定作用的并非环境本身，而是孩子对自己处境的误读，并且没人给他正确的引导。

家中有一个特别优秀的孩子，对其他孩子来说，或许是一件很难堪的事。因为优秀的孩子吸引了家人大部分关注，会令其他孩子感到沮丧、失望或挫败。他们不愿和那个优秀的孩子合作，总想和他一决高下，但又自信不足。我们看到，有些孩子生活在别人的阴影下，他们的优点被掩盖，发挥不出优势。这样的孩子何其不幸，也令我们十分痛心。他们可能会变成犯罪嫌疑人、神经官能症患者或自杀者。

仔细观察便会发现，缺少合作精神的孩子在入学伊始就会暴露出这一缺点。他们不爱交朋友，不喜欢老师，无法集中精力，也不能认真听讲。如果不给予他们细心呵护，他们可能会再次遭受打击。结果往往是他们非但没有得到合作方面的鼓励和指导，反而遭受更多批评和责备。毫无疑问，他们会觉得课堂比以往更令人讨厌。如果他们不断遭受新的打击，便会失去信心和勇气，无法对学校生活产生兴趣。有个孩子，他在 13 岁时被分到后进班，总被老师批评太愚笨。这为他以后的生活埋下了隐患。他逐渐丧失了对其他人的兴趣，人生目标也发生倾斜，转向阴暗面，一步步走向反社会或不良事物。

贫穷

贫穷也可能会使人走上歧途。来自贫穷家庭的孩子步入社会后往往会受到歧视。他们总是缺衣少食，需要面对重重挑战和伤痛。为此，他可能小小年纪就出去打工，帮助父母养家糊口。之后，他见到一些有钱人过着优越的生活，那些人想要什么就有什么，这会让他认为自己应该和那些人享有同样的权利。由此，我们就不难理解，为什么贫富差距越大的城市犯罪率越高。忌妒不是什么好现象，它会使出身贫穷的孩子误解自己的处境，使他们幻想停过不劳而获的方式过上富裕的生活。

身体缺陷

我个人认为，身体缺陷可能会引发自卑感。提出这个观点时，我感到一丝羞愧，因为它在某一方面认同了神经学与精神病学的遗传论观点。在首次撰写器官自卑（生理缺陷）与个体精神补偿的论文时，我就意识到了问题的严重性。其实，自卑心理的产生并不是因为生理缺陷，而是错误的教育方式。在正确的引导下，即便是存在生理缺陷的孩子，也能像普通人那样关心他人。只有在身边没人关心，并且没人帮助他们拓展兴趣时，他们才会变得自私自利。

许多人都有内分泌失调的毛病，但需要澄清的是，我们永远也没法具体地说明内分泌腺的功能是什么。可不论个体内分泌腺的功能差异如何，都不会有损个体的性格和品质。所以，在使孩子加强与人合作以及成长为良好社会公民的过程中，应当排除内分泌因素。

社会不利因素

有很大一部分犯罪人群是孤儿。在我看来，这是对社会未能关注孤儿合作意识培养的严厉控诉。私生子也是如此，他们从小缺少关爱，也不愿意主动关爱别人。被遗弃的孩子常会走上犯罪之路，特别是当他们感到没人想要他们的时候。犯罪嫌疑人之中有相当一部分人相貌丑陋，这一点曾经被用来证明遗传的重要性。但是，那些相貌丑陋的人会作何感想呢？他们真的很不幸，他们或许是某些特殊种族的混血儿，上天赐给他们的面孔不讨人喜欢，致使他们常常受到歧视。终其一生，他们都异常痛苦，即便是在应该充满活力与快乐的童年时代，他们也郁郁寡欢。但是，这些孩子如果能得到妥善对待，本都应能培养起健全的社会情感。

奇怪的是，在犯罪者中，有些犯罪嫌疑人相貌十分出众。如果说身体缺陷或相貌丑陋是遗传了不良基因（我承认，有些生理缺陷确是遗传因素造成的），但我们又该如何解释那些仪表堂堂的犯罪嫌疑人的存在呢？实际上，他们是被宠坏的孩子，同样难以与人合作，并且没有责任感。

如何解决犯罪问题

我们现在该怎么做？这的确是个问题。如果前面的观点完全正确，犯罪分子的共性是缺乏社会责任感和合作精神，他们始终在追求一种虚幻的优越感，我们该做些什么呢？答案是，和对待精神病患者一样：除非我们能成功获取他们的合作，否则一切都徒劳无功。再三强调这一观点也不为过：如果我们能让他们懂得造福人类、关爱他人，能引领他们找到通过合作解决人生问题的途径，就不会是这样的结果了。可如果我们做不到，那注定会以失败告终。

现在我们知道应该如何对犯罪分子进行改造了：必须培养他们的合作精神。仅将他们关进监狱起不到多大的效果，因为在刑满释放以后，他们很可能再次走上犯罪之路，危害社会安全。我们的目的不仅是隔绝犯罪，而是要帮助他们融入社会生活。

这项工作说起来容易，做起来却异常艰难。我们不能用优厚的条件赢得他们的合作，更不应该为难他们；不能仅仅指出他们的缺点或错误，更不能和他们争吵。他们的思想早已形成，多年来一直都在用自己的眼光打量世界。我们要想改变他们的观念，就必须寻找他们形成这种观念的原因、他们犯罪的缘由，以及促使他们犯罪的环境。个体的性格特征、人生态度以及世界认知在四五岁时就已经基本形成。所以，唯有纠正他们早期形成的错误观点，才能促使他们形成正确的人生态度。

错误的人生态度一旦形成，他们就会通过实践来证明自己生活态度的正确性；当实践与他们拟定的剧本相悖时，他们便会千方百计改造重塑这些经历，以便迎合自己的人生态度。如果一个人的生活态度是别人总羞辱我，别人都亏待我，那么他便会寻找证据来支持自己的观点，并对一切相反的证据视而不见。犯罪嫌疑人只顾及自己，他们有自己的认知方式，通常都会漠视那些与自己对人生的理解相悖的事情。所以，我们有必要弄清他们人生态度的成因，以便说服他们。

体罚无效

对于犯罪分子而言，体罚没有任何效果，不但不能说服他们合作，而且会使他们对社会充满敌意。也许，犯罪分子在学校经历过这种事。他们没有学会如何与人合作，因此成绩落后，不遵守纪律，于是受到批评、责罚。这样做能鼓励其与人合作吗？他们只会觉得自己的处境比以前更糟，只会认为所有人都与自己为敌。试问，谁愿意在一个充满斥责和谩骂的地方久留呢？

在这种情况下，孩子会失去所有信心。他对学校、老师、同学失去兴趣，开始逃学，躲到别人找不到的地方。而在那些地方，他往往会遇到一些与他经历相似的孩子。他们不仅能理解他，不会责备他，而且会奉承他，赞扬他的野心，使他觉得自己还有“希望”。当然，他对生活的社会需求毫无兴趣，只是觉得和那些孩子“同病相怜”，将他们当作朋友，视社会大众为敌。那些孩子喜欢他，他也喜欢和他们混在一起。就这样，成千上万的孩子走上了犯罪道路。如果我们仍然采取责罚方式管教他们，只会让他们坚信我们是他们的敌人，而那些犯罪分子才是他们真正的朋友。

我们没理由让生活将这些孩子击倒，更不能让他们丧失希望。如果我们能从学校方面给予他们勇气和鼓励，就很可能阻止他们步入歧途。关于这一点，我们以后会做详细阐述。在这里，我们只想用这个事例来证明，为何犯罪分子会将惩罚视为社会与他们为敌的标志。

体罚不起作用还另有原因。很多犯罪嫌疑人并不珍惜自己的生命，他们在很多情况下都可能想到自杀。所以，不管是体罚还是枪毙，都吓不着他们。在他们看来，很多事物都是挑战，体罚也是如此。他们执迷不悟，自认为聪明，根本感受不到丝毫痛苦。对于他们来说，这也是他们应对挑战的一种手段。用强制的方法对待犯罪分子，只会激起他们更强烈的反抗，使其一心只想战胜警方。

如我们所见，这就是他们的思维方式。他们认为自己和这个社会冲突不断，并竭力想在这种冲突中获胜，如果我们也以同样的方式应对，那就正中他们下怀。在这种逻辑下，坐电椅都会被当作一种挑战。犯罪嫌疑人会觉得警察是可怕的怪物，他们想象自己勇敢地和警察搏斗，惩罚越重，他们越觉得自己获胜。很多犯罪嫌疑人都有这样的想法。那些被处以极刑的人，在生命中的最后时刻，也常常会想："我怎么会被抓住？要是我没落下那副眼镜就好了。"

培养合作精神

我曾说过，不要让孩子丧失信心，否则他们会深信自己不如别人，没必要与人合作。没有人应该被生活问题击倒。犯罪分子选择了错误的处事方式，我们应该告诉他们错在哪里以及出错的原因，进而鼓励他们关心他人、与人合作。如果所有地方都能认识到这一点，哪怕是最卖力的自我辩解也无法让犯罪分子感到满意，也没有孩子会去积极锻炼要成为为非作歹之徒。不管描述准确与否，在所有犯罪案例中，童年时期错误的生活方式影响深远，关乎个体日后的生活方式与合作精神。

在此，我想强调，个体的合作能力并不是与生俱来的，必须经过学习才能获得。但个体天生具备合作的潜能，这种潜能人人都有。只有经过后天培养，个体的合作精神才能得以发展。在我看来，所有关于犯罪嫌疑人的其他观点都没有事实依据，除非有证据表明一个具有强大合作精神的人走上了犯罪道路。可时至今日，我尚未遇到这样的案例，也从未听过这样的案例。预防犯罪的正确方法是培养个体的合作精神。如果认识不到这一点，制止犯罪就是空谈。

与传授课本知识一样，我们可以通过教学教会孩子与人合作。因为合作是一个真理，而真理是可以传授的。如果一个人没有做好准备就参加考试，一定会考砸。同样，如果一个人，未经准备就去参加一场需要合作知识的考试，也注定会失败——他不懂如何发挥自身的合作潜能。我们面临的所有难题都需要通过合作去解决。

关于犯罪嫌疑人问题的调查研究即将结束，我们必须鼓起勇气直面事实。几千年来，人们想尽办法，仍未找到满意答案。我们尝试过的所有办法都是徒劳，这个问题仍然如影随形。通过调查研究，我们揭示了其背后的原因：我们从未采取恰当可行的措施来改变犯罪分子的生活方式，也没有改变他们错误的人生态度。简单来说，就是没有采取真正有效的手段。所以，我们要做的就是——培养犯罪分子的合作精神。

如今，我们已经具备了充足的知识，也有了足够的经验。我相信，个体心理学在指导犯罪嫌疑人改过自新方面为我们提供了帮助。但也应考虑到，用这种方法改变犯罪嫌疑人，是一个多么浩大的工程。遗憾的是，大多数人在面对难以解决的生活难题时，都会将自己的合作精神收缩起来，这就是经济萧条时期犯罪率激增的原因。所以，如果我们想用这种方式防止犯罪的发生，那便要面向大众展开合作精神教育。想在短期内将所有犯罪分子或潜在犯罪分子都转变为对社会有用的人员，几乎是不可能实现的目标。

可行措施

然而，我们能做的还有很多。即便我们不能改造每一名犯罪嫌疑人，但我们依然可以为那些不堪重负的人提供帮助。例如，对失业或缺少工作技能的人，我们可以为他们提供工作或技能培训，这样起码能让他们保留最后的合作精神。毋庸置疑，这项措施必然能降低犯罪率。我不知道以目前的经济条件，推进这项措施是否成熟，但我们应该朝着这个方向努力。

我们还应该着手培训孩子，让他们能更好地应对未来生活，获得更多的就业机会。在监狱中，也可开展这种职业培训。我们已经朝着这个方向进行了一些尝试，采取了一系列措施，现在该做的是加倍努力。虽然对所有犯罪嫌疑人进行单独改造不现实，但对他们进行集体培训是一个十分可行的办法。我们可以和犯罪人员就某个话题展开讨论，就像我们此前的讨论一样。我们应该启发他们，将他们从不切实际的梦幻中唤醒。我们应当帮助他们从个人的错误思想和低估自身的负面情绪中解脱出来。我们应该教导他们不给自己设限，纠正他们思想中的错误因素，缓解他们面对自身处境及社会问题时的恐惧，引导他们形成正确的人生观。我坚信，这样的治疗措施可以收到良好成效。

同时，我们应该尽可能消除那些可能诱惑贫困人群或犯罪嫌疑人的事物。如果贫富差距悬殊，低收入者就容易心生忌妒。所以，我们应竭力避免炫耀财富的事情发生。

对残疾儿童或不良少年，惩罚往往起不到任何作用。因为他们自以为在和环境作战，对生活持消极态度。犯罪嫌疑人身上也有类似的现象，他们认为世界各地的警察、法官以及法律都在向他们挑战，这更激起了他们的仇恨之心。永远不要威胁犯罪分子，如果我们谨小慎微，不向公众公布犯罪嫌疑人的姓名与罪行，不过度教育宣传，或许能收到更好的效果。看来，我们对待犯罪嫌疑人的态度一直存在错误，严厉打击与怀柔绥靖都不能彻底改变一名犯罪嫌疑人。只有更好地认识自己的处境，他们才会有所改变。我们应该秉持人道主义精神，而不是用严厉惩罚恐吓他们。如我们所见，严厉的刑法有时只会火上浇油，即便是面对死亡，犯罪嫌疑人后悔的可能也只是他们失手被捕时犯下的致命错误。

如果大力提高破案率，对研究工作也大有裨益。据我所知，只有超过半数的犯罪嫌疑人被绳之以法，其余的犯罪嫌疑人都逍遥法外，这无疑会助长犯罪分子的嚣张气焰。几乎所有犯罪嫌疑人都有作案没被发现的经历。如今，我们已经取得了一些进展，并朝着正确方向推进。有一点也很重要，无论是在狱中还是在狱外，都不应羞辱或挑衅犯罪嫌疑人。如果能选择适当的监管人员，将会取得良好效果。前提是，监管人员应该认识到合作的重要性，并知道如何处理社会问题和合作问题。

预防措施

如果这些建议得以实践，将成效显著。但这仍不能大量减少犯罪，不过幸好，我们还有另外一些可以采用的有效方法。如果充分培养孩子的合作能力，拓展他们的社会兴趣，便能减少犯罪案件，长期如此，一定能产生不错的效果。这样，孩子便不会因为被煽动或被引诱而走上犯罪道路，即使遇到一些麻烦或困难，他们也能保持社会兴趣和合作精神。和我们这代人相比，他们有更好的处事能力和合作能力。

多数犯罪嫌疑人年纪轻轻就走上了犯罪道路。一般而言，18~28 岁年龄段的人犯罪率相对较高。因此，可以确定，我们的努力很快就能收到成效。如果孩子接受正确的引导，对整个家庭生活也会产生正面影响。对于父母而言，最大的欣慰莫过于培养出一个志向远大、乐观向上、自强自立、全面发展的孩子。如果所有孩子都得到正确引导，那么合作精神便会布满全球，人类发展也将进入新阶段。我们在影响孩子的同时，也要关注对父母及教师的影响。

现在唯一的问题就是，我们应该从何处着手，应该采取何种方法培养孩子解决问题的能力。或许我们可以对所有家长进行培训？这个方法并不可行。我们很难接触到所有父母，而且那些真正需要培训的父母未必会听取我们的意见。所以，我们只能另寻他路。也许我们可以将所有孩子集中起来，实时监视他们的行为，不让他们随便外出？这当然更不可行。

其实，解决这个问题，有一个十分实用有效的方法——动用教师的力量。我们可以培训教师，让他们纠正学生在家中形成的错误观念，从而拓展他们的社会兴趣，培养他们的社会能力，引导他们学会关注他人。因为家庭不能解决孩子成长中的所有问题，所以才有了学校作为家庭教育的延伸。那么，我们何不利用学校提高孩子的社交能力和合作能力，引导他们造福社会呢？

总之，我们现在享受的所有现代文明成果都是先人留下的，是他们造福人类的结果。如果人与人之间，没有感情，没有合作，没有奉献，那人生将是一片荒漠，从地球消失后不会留下丝毫印迹。唯有甘于奉献的人才会取得成就，才能为后人铭记。如果以此作为教育儿童的基础，那他们在成长中必定愿意与人合作。即便遇到再大的困难，他们也不会畏缩，更不会损害他人利益，他们会勇敢面对，并找到符合大众利益的解决方式。

第十章　职业问题

平衡人生难题

束缚人类的三大约束表现为人生的三大问题，这三大问题没有一个是可以单独拿出来解决的，解决其中任何一个问题都需要同时解决另外两个问题。第一个是职业问题，我们生活在这个星球上，依赖土地、矿物、空气、水等物质生存，所以，解决地球带给我们的问题便成了我们人生中最重要的一课。直到今天，我们都没办法蛮有把握地说找到了满意的答案。在某个时期，人类在一定程度上相对顺利地解决了这些问题，但总是存在改进的空间。

想要解决好职业问题，就必须先处理好第二个问题，也就是社会问题。束缚人类发展的第二种关系是，我们同属于人类族群，需要和其他人共同生活。如果一个人是地球上的唯一居民，那他的人生态度和行为方式都会截然不同。然而，我们也要考虑到其他人的利益，使自己适应他人、关爱他人。解决这一问题的最佳手段是形成友谊、培养社会责任感以及和他人合作。解决好人际交往问题，我们就更容易解决职业问题了。

人们学会了合作，才有了分工这一重大发现。分工是为人类谋福祉的首要保障。如果每个人都只凭借一己之力谋生，从来不想和他人合作，不依赖过去由合作创造出来的财富，那人类就不可能持续发展下去了。通过劳动分工，我们可以利用各类培训活动的成功，锻炼各种不同的能力，来为人类共同利益做贡献。这不仅能保障人类的安全，也能为更多的社会成员提供工作机会。当然，我们不能就此说已经取得了令人满意的合作成果，也不能说劳动分工已经发展到了巅峰。但要想解决工作中的难题，就必须以劳动分工为前提，然后贡献自己的力量，共创美好未来。

现实生活中，有些人并未将工作看成人生中的一个问题，想逃避工作问题，他们要么赋闲在家，要么忙着做些与大众利益毫不相干的事情。然而，我们总能发现，逃避工作问题的人事实上同样需要得到同伴的支持。他们总是通过各种方式索取他人的劳动成果，自己却没有丝毫的贡献。那些被惯坏的孩子就总是保持这样的生活方式，无论何时，一旦遇到问题，就寻求别人的帮助。那些搞乱人类合作关系，并将不公的重担加诸那些积极解决生活问题的人肩头的，绝大多数是被惯坏的孩子。

束缚人类发展的第三种关系是我们只能是男性或女性，即性别问题。在人类繁衍发展的历程中，人们的职责是接触异性，履行自身性别角色所应履行的义务。

与其他两个问题一样，两性问题同样不是孤立存在的。要成功解决爱情和婚姻问题，有必要从事符合大众利益的职业，也需要建立与其他人的友好关系。正如我们所见，如今解决这个问题的最好方法便是推行一夫一妻制。从一个人对待爱情和婚姻问题的方式也可以看出他的合作精神来。

上述三个问题相互影响制约，并不是孤立存在的。解决其中一个也有助于解决其他的问题。事实上，我们可以说：它们是同一个问题的不同方面，这个问题便是人类在自身所处环境中的繁衍生息问题。

有些人以工作为借口逃避社交问题和爱情问题。当今时代，经常有人夸大对工作的投入程度，远离人群，远离爱情，甚至将之当作他们婚姻失败的托词。一个为工作而痴狂的人总会这样想：“我没有时间和精力去经营婚姻，婚姻的不幸也不能怪我。”神经官能症患者尤其擅长以此为借口躲避婚姻和社交问题。他们几乎从不和异性相处，对他人不感兴趣，只是没日没夜地埋头工作，他们满脑子都是工作，把自己整得高度紧张。在紧张情绪的作用下，他们便会出现一些神经官能症症状，肠胃不适等种种毛病也应运而生。而这些随之而来的疾病便成了他们躲避社交和婚姻问题的另外一个借口。还有另外一种情况，有些人总是不断更换工作。他们总是想找到一份更好的工作，却没有准确定位，他们根本无法在一个职位上做得太久，结果往往是一事无成。

早期教育

家庭和学校的影响

母亲是在孩子的职业兴趣的发展中产生影响的第一人。在四五岁时，孩子便有了关于职业的最初认知，而这将对他成年后的事业发展起到决定性的作用。如果有人向我咨询就业方面的问题，我通常会问到他们幼年生活时的梦想以及那时最感兴趣的事情。早期记忆预示出个体的想法、理想及人生目标。后文中，我会回过来讲最初记忆的重要性。

孩子早期教育的第二阶段在学校里开展。我相信，现在的学校越加重视学生的未来职业发展，开始训练他们的双手、双耳和双眼及其功能，为学生未来的职业发展奠定基础。这种培训教学和学科教学同样重要。我们应该谨记的是，孩子在学校所学的知识有着深远的影响。我们常听人说，我把从学校里学到的拉丁文或法文都忘了，但无论如何，开设这些课程仍有其必要性。结合此前论述可知，这些课程有利于我们促进学生兴趣的发展。现阶段，那些现代学校都很重视技能培训和实践，通过这些手段可以拓展儿童的体验，又可以提高孩子们的信心。

纠正潜在错误

有些人可以自由选择职业，却没有能令他满意的工作。他们所缺乏的不是职业，而是安逸和享受。他们不想面对生活问题，因为他们觉得任何降临在他们身上的问题都是上天的不公。他们都是被宠坏的孩子，乐于接受别人的帮助。

还有些孩子根本不愿成为领头羊。他们最大的兴趣是找个领导——一个肯让他做跟班的孩子或成人。他甘愿服从这个领导。这不是一种值得鼓励的发展，如果可以改变这种人的顺从性格，那真是再好不过的事情了。但如果孩子在童年时期没有改掉这个习惯，那他们在以后的生活中将担当不起领导者角色，因为他们只能是一个处处受他人指挥的小角色，他们做所有工作都是例行公事，他们的一举一动都有章可循。

懒惰、邋遢和散漫的习惯都是在童年时期形成的。碰到这些日后必将遭受挫折的孩子，应该采用科学的方法，探究他们出现错误的原因，并帮助孩子改正错误。如果我们生活在一个可以不劳而获的、应有尽有的星球上，那懒惰就成了一种好习惯，勤奋反倒显得多此一举了。但从我们与我们所居住的星球的关系来看，符合逻辑并运用常识得出的结论是，我们应该努力工作，应该与他人合作，应该为社会做贡献。人们凭直觉意识到这一点，我们从科学的层面证实了它的必要性。

天才与早期努力

在那些卓越人士身上，我们能清楚看出早期教育的好处。我相信，分析卓越人士有助于我们了解整个课题。只有那些对人类的共同利益做出过卓越贡献的个体才被称为天才，而没有人称那些毫无作为的人为天才。

艺术是最富合作性的产物，伟大的天才提升了我们整个文化的层次。在《荷马史诗》中，作者只提到三种颜色，所有浓淡和细微差别都只能用这三种颜色描述。其实，那时的人们早已认识到各类颜色间的差异，但他们认为这种差异根本不值得一提，所以并没有赋予那些颜色合适的名称。那到底是谁对它们进行了区分，并赋予了它们名称呢？很显然，必须承认这是艺术家和画家的功劳。

作曲家使我们的听觉提升到了非凡的程度，使我们懂得了如何欣赏音乐。如今，我们能哼唱出动听的乐曲，而不是像我们的祖先那样发出单调的音律。这正是音乐家们的功劳，是他们滋润了我们的灵魂，训练了我们的听觉和发音。又是谁加深了我们的感受，使我们思维更敏捷，谈吐更文雅？是诗人，他们丰富了我们的语言，使我们的表达更灵活生动，也更适合各种场合的需要。

毫无疑问，卓越人士是最善于合作的人。从他们的个人行为和生活方式的某些方面来看，他们的合作能力或许体现得不够明显，可纵观他们一生的成就，我们就能够从中看出合作精神。跟他们合作并非易事，因为他们所走的往往是条异常坎坷的道路。他们往往有严重的生理缺陷，几乎在所有杰出人物身上，我们都能找到某种生理缺陷。所以，我们常看到的一种现象是，尽管在早年经受了严峻的考验，但他们经过不懈努力，最终战胜了困难。其中最为明显的是，我们能看到他们的早期兴趣是如何开始的，并且从小就勤奋刻苦，永不停歇。他们通过锻炼，变得机智敏捷，试着去接触和了解世上的种种问题。我们通过了解他们的早期教育状况，可以得出这样的结论：他们的才华和能力是后天培养的，而不是来源于天赋或遗传。他们努力为后人留下更多的劳动成果。

培养人才

早期努力为未来成功奠定了坚实基础。如果一个三四岁的小女孩总是留在家里，给自己的布娃娃缝制帽子。我们看到她工作时，如果夸赞她缝得很漂亮，并且提出建议，告诉她怎样把帽子缝得更漂亮。在这种鼓励下，小女孩就会加倍努力并提高自己的技能。如果我们发现一个小女孩在缝制帽子，我们对她说："赶快把针放下，不然会刺伤你的。你根本没必要缝帽子，如果想要的话，我给你买一顶更漂亮的。"在这样的叮咛下，她肯定会立刻放下手中的活计。比较这两个女孩的日后发展情况，便会发现，第一位女孩不仅培养了艺术品位，对工作也发生了兴趣。第二个女孩根本不知道自己能做什么，因为她会认为买的东西比自己做得好。

发现孩子的兴趣

童年志向

如果孩子从小就知道自己长大后想从事什么职业，他们的发展便会就简单多了。如果我们问孩子长大后想干什么，他们大多能给出明确回答，而且通常是远大的志向。但他们的答案往往是没有经过深思熟虑的。例如，他们说想当飞行员或是火车司机，其实对自己所选择的职业并没有了解。我们的任务是发现孩子的潜在动机、努力方向、奋斗目标以及实现这个目标的具体方案。他们所选择的未来职业只是一种在他们看来体现了优越性的职业，但我们也能从这个职业中发现其他机遇，帮助他们达到目标。

孩子在十二三岁时对人生目标有了更清晰的认识，每当听到这个年龄的儿童说不知道自己今后想干什么时，我不得不表示遗憾。没有明确的人生目标，并不说明他们对所有事情都没有任何兴趣。或许他们也心存志向，只是不想让别人知道罢了。在这种情形下，我们必须努力去发现他们的主要兴趣和技能，并针对他的主要兴趣展开训练。有些孩子即便已经十六岁了，已经高中毕业了，仍然不知道自己将来要从事何种职业。这些孩子通常在学校里表现优秀，却不知道自己的人生之路该怎样走。我们能发现，这些孩子很有抱负，却缺少和他人合作的精神。在劳动分工中，他们不知道如何定位自己，更不知道该怎么实现人生理想。

所以，早些时候给孩子做好职业定位是大有裨益的。我在班级里也经常提出这个问题，这样，孩子就不得不细心考虑这个问题，还能避免他们遗忘问题或是隐藏自己的答案。除此以外，我还会问他们为什么会选择这个职业，他们给出的答案往往是实事求是的，能够说明很多问题。从孩子的职业选择中，我们能够看出他们的生活方式。他们会向我们揭示出自己努力的目标，以及在生活中最为看重的因素。我们有必要让他们选择自己认为最有价值的工作，因为工作没有高低贵贱之分。如果他们真的努力从事一项工作，为众人谋福祉，那么他们就是栋梁之材。他们唯一的责任就是训练自己，变得自强自立，实现人生目标。

绝大多数人即便是成年以后，他们的兴趣爱好仍然受到自身四五岁时所确立的职业目标的影响，这表明早年的兴趣令人难忘。可令人惋惜的是，他们往往迫于父母或经济的压力而不得不从事自己不喜欢的职业。这也从另一侧面说明了童年训练的影响力和重要性。

早期记忆

进行职业指导时应考虑到早期记忆。如果在儿童的早期记忆中发现了视觉上的兴趣，那他就较为适合从事和视觉相关的职业。有些孩子说自己对别人的谈话以及风铃声很敏感，那就说明他是听觉型人才，或许更适合从事和音乐相关的职业。有些孩子会说自己对运动印象深刻，他们比较好动，也许他们会对需要人力或是旅行方面的工作感兴趣。

角色扮演

我们仔细观察孩子，常常可以发现他们在为自己成年后的职业做准备。例如，很多孩子对机械和技术感兴趣，如果他们朝着这个方向发展，定会对日后所从事的职业有所帮助。孩子们的游戏可以让我们一窥他们的兴趣。例如，有的孩子想当老师，就喜欢把一群更小的孩子聚集在一起，学着老师的样子，玩课堂教学的游戏。

那些想成为妈妈的小女孩喜欢布娃娃，她们是在培养对婴儿的兴趣。对母亲这一角色的兴趣值得鼓励，而不应该惧怕孩子玩布娃娃。有人认为让孩子玩布娃娃会让她们脱离现实生活，而实际上，她们是在培养自己履行母亲的职责。有必要在孩子童年时期培养他们对角色扮演的兴趣，因为一旦错过这段最佳时间，可能就很难提起孩子进行角色扮演的兴趣了。

我们想要在这里重申，女性为人类生命延续所做的贡献。如果一位母亲关心孩子，帮助孩子探寻他们的兴趣所在，教导他们如何与他人合作，努力将孩子培养成栋梁之材，她的工作将具有不可估量的价值。在现实生活中，母亲的工作往往被低估，人们通常认为母亲角色是无关紧要的，并认为母亲所从事的是毫无意义的工作。母亲所付出的一切通常得不到回报，并且一个专职母亲还很可能在经济上依靠他人。但是，一个成功的家庭是需要父母双方共同付出的，无论女性全职主妇还是在外工作，母亲这份工作与她伴侣的工作具有同等重要的地位。

职业选择的影响因素

如果孩子在儿时目睹过有人突然患病或者死亡的情况，那么他们往往会对这些事情心有余悸。他们想要当医生、护士或是药剂师。这种情况下，我们应该鼓励他们朝着自己的理想迈进。因为我发现，那些抱着这种兴趣并最终成为医生的孩子，在很早的时候便开始了这种训练，并且他们热爱自己的职业。有时，目睹他人患病或死亡的经历会让他们得到另外一种补偿。例如，他们可能通过艺术或文学创作来使“生命”得到延续，或是成为虔诚的宗教信徒。

孩子最常见的一种努力是超越家里的其他成员，尤其是超越父亲或母亲。有这样的目标是意义非凡的，我们常常看到这样的事例，也因新一代人超越了老一代人而高兴。在一定程度上，如果孩子希望在同种工作上超越父母的成就，那么父母的经验在某种程度上将是他们起步时的无价之宝。比如，出生在警察家庭的孩子，常常会立志成为法官或律师。比如，父亲在医院任职，那他的孩子也可能会立志成为医生。再如，父亲从事教师职业，那他的孩子也可能想成为大学教授。

如果家里将钱看得太重，那家中的孩子很可能会以工资的高低来衡量所从事的职业。这是一个很严重的错误，因为这不利于孩子形成为人类奉献的价值观。如果孩子认为金钱高于一切，那他往往会摒弃和别人的合作，一心只想着自己的利益。如果赚钱成了他唯一的目的，那如果有一天他不惜用不法手段来获取钱财也就不足为怪了。即便他没有走上犯罪道路，心里还残存有一丝社会兴趣，等他富有的时候，对社会和他人也不会有多大的帮助。当今时代，身处这个复杂喧嚣的社会中，通过不法手段致富的人有很多。从某些方面看，旁门左道也可能带来财富。我们虽然无法保证以正确态度度过一生的人一定能获得成功，但能保证他们一定不会失去勇气和自尊。

寻找解决方案

解决儿童问题，第一个办法是找出他们的主要兴趣。通过这个方法能更好地鼓励和帮助孩子。如果年轻人不知该如何选择职业，抑或是中年人工作不顺，我们需要找到他们的兴趣所在，以同理心为职业指导的基础，并努力去帮助他们找到工作。这并不是什么容易的事。如今，失业率激增问题引发了人们的关注。可想而知，我们当前所处的环境并不利于提升人们之间的合作精神。所以，我认为所有认识到合作的重要性的人应该竭尽全力去减少失业者数量，从而确保每个想工作的人都能找到一份工作。

针对这种情况，我们可以通过进一步增加职业学校和技校的数量，推广成人教育来改善这一情况。很多失业者从来没有接受过职业培训，也没有一技之长。除此之外，有些人从未对社会和生活产生过兴趣。社会中有很多无所事事或对大众利益漠不关心的人，他们同是社会的沉重负担。这些人会认为自己有缺陷，没有用，所以就较为容易理解，那些文化层次较低而又没接受过职业技能培训的人，更容易成为犯罪嫌疑人、精神病患者或自杀者。因为他们受教育的程度低，总是落在他人后面。所有家长、教师以及所有关注未来发展和人类进步的人，都应该努力保障孩子受教育的权利，为他们在劳动分工中找到自己的位置打好基础。

第十一章　个体和社会

人类需要团结

人类自古就致力于和同胞缔结情谊。正因为有了同胞的关爱，人类才得以成长和进步。家庭成员间互相关爱。纵观历史，不管是哪朝哪代，我们都能看到家庭成员相亲相爱的情景。即便原始部落也会采用通用的符号将成员聚集在一起，并赋予每个人一个共享身份，从而使社会成员凝聚在一起，而这种共同标志的作用是使社会成员团结合作。

宗教角色

最质朴的原始宗教是图腾崇拜。有的部落将蜥蜴当作图腾，而有的部落将公牛或蟒蛇当作图腾。有相同图腾崇拜的人会生活在一起，相互合作，群体中的每一个成员都将自己看作别人的兄弟或姐妹。在原始部落里，这是个很好的方法，能促使部落成员保持协作。比如，在原始宗教的庆祝活动中，有共同图腾崇拜的人会聚集到一起，谈论当年的收成、抵御外敌和防御自然灾害的情况等。

婚姻被看作与整个部落利益息息相关的大事情。按照部落规定，每个部落成员都必须在部落之外或者不同图腾崇拜的人中寻找配偶。就是到了当今时代，爱情和婚姻也并不是私人事务，而是全人类共同参与的事情。婚姻涉及责任，夫妻双方都肩负着责任，这是社会赋予他们的义务。社会期待他们生育健康的孩子，并以合作精神将他们抚养成人。因此，人们普遍对婚姻持支持的态度。在我们看来，原始社会中运用图腾、制度、风俗等来约束婚姻，这种事情看似荒谬，但我们不能低估婚姻在那时的作用，管制婚姻的真正目的是加强人类的合作。

基督教有条重要教义，那就是“爱你的邻居”，从这里我们能看出，人们在以另外一种方式促进和同胞的合作。有趣的是，我们现在可以从科学的角度来证实这种努力的价值。一个被溺爱的孩子也许会问：“我为什么要爱我的邻居？我的邻居爱我吗？”从中可知，这样的孩子是缺乏合作上的训练，只将兴趣放在自己身上。那些对他人冷漠的人，往往会在自己遇到人生难题时侵害到他人利益。这类人往往最终都走向失败。许多宗教和政治行动都是在用自己的方式促进合作。我对那些将合作视为人生目标并为之努力的人深表敬意。争吵、批判或贬低都是没有意义的行为。没有谁握有绝对真理，因为无论是走哪条路，人们都可以达成所望，可要说哪条路是最合适的，我却不敢肯定。

政治运动和社会活动

我们知道，这世界上有多种政治制度，但无论是哪种政治制度，无论是由谁来执政，如果缺少了合作精神，没人能通过政治达成任何成果。每个政治家都必须将为人类谋福祉作为最终目标，而从某个方面而言，这往往意味着更高程度的合作。在判断哪位政治家、哪个政党能真正带来改善时，我们常常无所适从，因为他们所秉持的人生态度有所不同，所用的方法也不尽相同。但如果一个政党能促使党内成员形成良好的合作，我们就认为这个政党是好的。我们也这样判断各种社会活动。如果那些参加社会活动的人是为了将儿童培养成社会栋梁，增进他们的社会情感，为了让孩子尊重自己国家的传统和文化，并且按照最理想的方式去影响或修订法律，那么他们所做出的努力便是有益的。同样，阶级运动如果是以促进人类发展为目的的，那么这样的阶级运动便是团体合作运动，我们不该对之抱有偏见。

所以，判断所有政治和社会行动的价值基点，就是看他们是否促进人类发展与合作。我们发现，促进合作的方法是多种多样的。也许有些方法并不是最好的，但如果目标是合作，我们不应以此为由来排斥和攻击它。

兴趣缺失与沟通障碍

利己主义

我们无法认同自私自利的人生观。这种人生观无论对个体还是对集体的进步而言，都将是巨大的障碍。只有那些和周围人互助互爱的人，才能够促进人类社会向前发展。说、读、写是以与他人交流为前提的。语言本身就是所有人类的共同工具，是社会发展的产物。理解是人类共同的事情，而绝非个人的事情。通过与人分享的方式，我们能弄懂理解的深层含义。

世上总有一些人，始终以追逐个人利益为目标，追求的只是自己的发展。在他们眼中，人活着的意义就是谋求个人利益。但是，这是一种世上其他人无法认可的观点。所以，我们便会发现，这种人是很难和其他人好好沟通的。这种只顾自身利益的人，他们的脸上总挂着卑鄙或茫然的表情，而我们从犯罪嫌疑人和精神病患者脸上能看到类似的表情。他们从来不和别人做眼神交流，对外界的感知能力也和常人不同。有时，这种人常常对周围的人嗤之以鼻，甚至不拿正眼看别人，只会转移视线，看向别处。

精神障碍

我们在和神经官能症患者进行沟通时，常常会遇到这类问题。他们无力与其他人建立纽带，而成因则是缺乏对他人的兴趣。所以，他们常常会表现出一些强迫性症状，如脸红、结巴、阳痿、早泄，等等。

自闭症最严重时可能会发展成为精神病。对于精神病患者而言，如果能激起其对他人的兴趣，精神疾病也并非不可治愈。只是和单纯的自闭症患者相比，精神病患者和社会更疏远，只有那些自杀者能够与之相比。所以，要想治愈精神病，那可真是难上加难。我们必须赢得患者的合作，只有付出耐心与仁慈，再辅以最为友善的治疗手段才能做到。

曾经有人请我尽全力救助一名患精神分裂症的女孩。那个女孩患病八年之久，从第七年开始，她被送进了精神病院。那时，她已经近乎疯狂，学狗叫、到处吐口水、撕扯衣服，还曾想把整条手帕吞进肚子里去。这些症状显示出她距离其他人的兴趣已经相当遥远。在她心里，她母亲对待她就像对待狗一样，她觉得自己就是条狗。其实，这也是很容易理解的，她的行为似乎在说：越和你们这些人接触，我越觉得自己是条狗。我连续和她谈了8天，却没得到一句回应。我仍然耐心地和她交谈，直到一个月以后，她开始迷茫而不知所云。我友好的态度给了她鼓励。

这类患者即便在别人的鼓励下有了勇气，也不知道怎样去使用自己的勇气，因为他们内心的排斥感仍然强烈存在着。他们找回勇气后展现出来的行为是可以预测的，其实还是不愿合作。他们就像问题儿童一样，会想方设法惹是生非，如摔东西，袭击医生、护士等。我和这个女孩聊天时，她就曾经袭击过我。我必须好好想想该怎么应对这件事。而唯一让那女孩想不到的回应就是不做任何抵抗。那个女孩并没有多大的力气，我任她打闹，友好地看着她。她没有料到这种情况，慢慢放弃了挑衅行为。

她被唤醒了勇气，可还不知道怎么行事。她打破了玻璃窗，玻璃碎片割伤了她的手。我丝毫没有责备她的意思，只是帮她包扎了伤口。一般人遇到这种情况，通常会限制她，将她锁在房间里不让出门，但这是一种错误的处事方式。治疗那些和这个女孩类似的患者，我们要采用有异于常人的做法。如果采用对待常人的方法去对待精神病患者，那真是一种很大的错误。期待一位精神上有问题的人能像正常人一样行事简直是大错特错。精神病患者常常激怒我们。当他们做出不吃饭、撕扯衣服等举动时，不要呵斥他们，就让他们那么做好了，因为我们没有别的办法可以帮助他们。

后来，那个女孩被治愈了。一年以后，她仍然很健康，没有表现出任何病态。某天我前往那所她曾经住过的精神病院时，在路上遇到了她。

她问我："你要去哪儿？"

我说："我要去你住过两年的那所精神病院，你和我一块去吧。"

于是，我们就一块去了那所精神病院，并找到那位曾经治疗过她的医生。我给其他患者治疗时，那个医生陪她聊天。但当我回来见他们时，那位医生的脸色很不好看。

他说："她的确完全康复了。但有一点让我很生气，她不喜欢我。"

在此后的10年时间里，我时常能遇到那位女孩。她没有任何不正常的反应，而且能挣钱养活自己，和别人相处得很融洽。见过她的人都不会相信她曾经得过精神病。

有两类人能够明显地表现出自己和其他人的疏远，即妄想症患者和抑郁症患者。妄想症患者指责一切人，认为别人都联合起来害他。而抑郁症患者指责的则是自己，比如，他们会说"是我毁了这个家"，或者说"是我把钱弄丢了，孩子才会挨饿的"。表面看来，他们是在责怪自己，可实际上，他们其实是在指责他人。

比如，有个很有影响力的女人，在经历一次意外事故后，无法再继续她的社交生活。她有三个女儿，都已经出嫁了，这让她觉得十分孤独。几乎同时，她丈夫又去世了。以前，她是个备受宠爱和尊敬的人，现在竭力想要补偿自己的失落。她开始环游世界，可她觉得自己不像原来那样受重视了。在旅途中，她患上了抑郁症。

抑郁症是对患者的严峻考验。她给三个女儿发电报，想让她们来看看自己，可这三个女儿各有借口，都没有来。她回家以后，最常唠叨的一句话是“女儿们对我可好啦”。女儿们把她抛下，只请了位护工来照顾她，只是偶尔回家看看她。她常说的那句话其实是对女儿们的控诉，了解内情的人都明白她的真实意思。抑郁症就像是对他人无休止的愤怒和责备，目的是获得关心、同情和支持，尽管患者看起来好像对自己的错误充满沮丧。抑郁症患者的早期记忆通常是：“我记得我想躺到一张长椅上去，可我哥哥已经躺在那里了，于是我苦恼不止，他只好离开了。”

抑郁症患者常常选择用自杀的方法报复别人，所以医生的首要工作是避免给他们提供自杀的借口。为了缓解抑郁症患者的紧张情绪，我给他们的第一个建议是“绝对不要去做自己不喜欢的事”。这看似微不足道的一句话，却触及了问题的根源。如果一个抑郁症患者能为所欲为地去做任何事情，还能去指责谁？他们还要报复什么？我会跟他说：“你要是想去剧院，或者想去度假，那就去吧。如果你走到半路又想回来，那就回来好了，不用再去了。”

这是任何人都能做到的最佳对策，能够满足患者对优越感的需求。就像神一样，能够为所欲为，想做什么就做什么。但这势必和他们的生活方式相悖，因为他们想要控制并指责别人，可如果别人都顺着他们，他们就没有必要去控制别人了。我采取的方法十分有效，而且我的患者中没有一个出现自杀行为。最好让人监护这些患者，而不是严加看管他们。只要有人照料，患者便不会存在危险了。

听到我所提出的建议，患者常常会说："可我什么都不想做。"

对于这种回答，我早有准备，因为我听过太多类似的回答了。我会说："那就别去做你不喜欢的事。"

然而，有时患者会说："我想一天到晚躺在床上。"

我知道，如果允许他们这么做，他们必然又不那么想了。可我也知道，如果我制止他们，定然会招致他们的反抗，战争也就爆发了。所以，我总是顺着他们，这是我常用的办法之一，是一种策略。除此之外，另外一种方法就是直接挑战他们的生活方式。我会告诉他们："你只要遵循我的建议，不出两个星期，你一定能好起来。记住，每天都去想想怎样才能让别人高兴。"

试想一下，这对他们意味着什么。通常情况下，他们满脑子想的都是"怎样才能让别人担心"。

他们给出的回答通常很好笑。有的人会说："这对我来说真是太简单了！我这辈子都在让人高兴。"

实际上，他们从来没有这样想过。我想让他们好好思索这个问题，可他们从来不按照我的建议去做。我告诉他们："在你睡不着觉时，你可以把所有的时间都花在思考怎样去讨好一个人上，这样有助于你康复。”

次日再次遇到他们时，我问道：“你认真想过我的建议没？”

他们的回答往往是：“昨晚我一上床就睡着了。”

当然，和这些患者交流沟通时，我们一定要诚恳友善，不能有一丝一毫居高临下的态度。

有些人会回答：“我从未想过怎么取悦别人，我自己还烦着呢。”

我会告诉他们：“那你就继续烦躁吧。不过，有时间了还是要考虑一下别人。”我这样做是想将他们的兴趣转移到他人身上去。

也有很多人说：“我为什么要取悦别人？他们又没取悦我！”

“你只要为自己的健康着想就好。”我答道，“如果你不考虑别人，会受到伤害的。”

根据我的经验，很少有患者说：“我仔细考虑过你的建议了。”我的所有努力都是为了增加患者的社会兴趣。我知道他们患病的真正原因是缺少与他人合作的兴趣，我想让他们也意识到这一点。只要他们能够和他人在平等合作的基础上沟通交流，那么他们也就康复了。

过失犯罪

缺乏社会责任感还有另外一种典型的例子，那就是过失犯罪。例如，有人不慎让点燃的火把丢落，引发了森林大火。抑或是最近所发生的一起案例，一个工人在电缆仍然裸露在外的情况下就回家去了，结果一辆车碾在了电缆上，导致车里的人死亡。

上述两个案例中，肇事者并不是真的想害别人。可是从安全层面讲，他们没能出于他人安全的角度考虑而采取防范措施，这是一种更深程度的合作意识的缺乏。我们还常常看到类似的事情，一个穿着破烂的孩子踩了别人的脚、摔坏了杯子、损坏了公共设施等，以及做了诸多损人不利己的事情。

社交兴趣与社会平等

家庭和学校是培养孩子合作精神的场所。我们已经看到了影响儿童发展的种种阻碍。人所拥有的社会责任感并不是遗传得来的，但人所拥有的社会责任感潜力却和遗传有着密切的联系。影响这种潜力发展的因素有很多种，如父母抚养孩子的技巧、父母关爱孩子的程度以及孩子对周围环境的判断等。如果他们觉得他人抱有敌意，或是被敌人环伺、被逼到角落，自然不可能交到朋友，与他人成为好友了。如果孩子认为周围的人都应该听他驱遣，那他想到的就不是怎么帮助别人，而是应该怎么控制别人了。如果孩子只关注自己内心或身体上的不适，那么他就不会向人敞开心扉，就可能变得与世隔绝。

我们此前说过，要让孩子感觉到自己是家里同样受重视的一员，促使孩子关爱其他家庭成员，这对孩子成长是大有裨益的。我们也说过，父母要和谐相处，并将这种和谐友好的关系延伸到家庭之外。他们的孩子会感受到无论在家庭中，还是在家庭圈子之外都有值得信任的人。我们还说过，在学校里，应该让孩子意识到自己是班级中的一员，同学之间可以成为好朋友，而且他们的友谊是可以信赖的。家庭和学校的目的是将儿童培养成社会人，让其成长为人类群体中的平等一员。只有这样，孩子才会有勇气和信心去面对人生中出现的挫折，才能够做出有益于社会的事情。

如果一个人能和众人成为好朋友，并通过有用的工作和幸福的婚姻贡献于社会，那他就不会有自卑感和挫败感。他会觉得这个世界就像家一样，自由友善，他所见到的那些都是自己喜欢的人，即便是遇到了困难，他也愿意和别人一起承担。他会觉得："这是我的世界。我必须行动并组织起来，不能等待和空想。"他完全清楚，当今这个时代，只是历史长河中的一个阶段，在人类过去、现在、未来的整个进程中，他只属于其中的一部分。他也会感到，现在正是他完成创造性工作，为人类社会谋福祉的时候。诚然，世上会有邪恶和困难、偏见和灾难，但这是我们自己的世界，长处和弊端都是这个世界的一部分。我们要直面所有，无论善恶美丑，都不能逃避。我们在这个世界活着，我们在这里工作，要把它变得更加美好。我们可以断言，如果人人都以正确的方式来直面自己应该承担的责任，他就为社会进步做出了贡献，尽到了自己的责任。

不辜负自己的使命，就意味着会以合作的态度承担起解决人生三大问题的责任。我们对个体提出的最高要求以及所能给予的最高赞誉是：一位好同事、一位好伙伴以及一位爱情和婚姻中的真正伴侣。简言之，他必须证明自己是人类的忠实朋友。

第十二章　爱情与婚姻

爱情和婚姻是平等合作的关系

据说德国的一个地区一直流传着一种古老习俗，通过这种习俗可以测定未婚男女是否般配。在结婚前，男女双方会被带到一处空地上，空地上放着一棵被砍倒的大树。人们会给他们一个两人拉的锯子，让他们将眼前的树木锯成两段。通过这种考验，可以揭示出他们彼此合作的深度。这项工作需要两个人才能完成，如果两人不够默契、相互掣肘，只会是白费力气。如果一个人想包揽所有事情，那么，即便另一方甘愿放弃，他们也只能是事倍功半。所以，他们必须都要积极进取，工作也必须同心协力。当地人认为，合作是婚姻幸福的前提。

如果有人问我爱情和婚姻是什么，我会给出如下也许并不完美的定义：爱情是以结婚为目的的，两者都是异性伴侣为对方的亲密奉献，具体表现为生理上的吸引、两人相伴终生并延续后代的行为。爱情和婚姻都是一种合作关系，不仅涉及两个人的幸福，也是为了人类幸福的合作。

爱情和婚姻是为人类幸福而构筑的合作。这个观点有助于我们理解爱情和婚姻这一主题的各个方面。即便是肉体的吸引，是人类冲动中最重要的一种，对于人类发展而言，那也是必不可少的。我此前提到过，人类因为体能限制而没有办法在地球上永久地生存，想要一直延续下去，唯一的方法就是靠持续刺激我们的生育力以及生理吸引力来繁衍后代。所以，肉体吸引和生育能力是人类不能缺少的两个因素。

当今时代，人们关于爱情的阐述不尽相同，遇到的问题和争执也大不相同。已婚夫妇需要面对这类困境，父母也为之关切，整个社会都被卷入进来。要想解决这些难题，就必须采取客观公正的态度，不能对事物存有偏见。我们必须尽最大的努力去探究这个课题，不让其他因素干扰我们这场自由的谈论。

然而我并不是说，我们可以把爱情和婚姻问题视为一个完全孤立的问题寻求解决。在处理这个问题时，我们不可能不受到约束，也不可能完全凭个人想法来解决问题。事实上，所有人类都被几根纽带绑定在一起，他们在固定框架内发展，而他们的决定也必须适应这个框架。此前，我们已经提到过，人生受到三重制约：一是我们生活在地球上，想要在这个环境中生存，就必须适应环境；二是我们生活在人类社会中，必须做到与他人相处；三是人类由男女两种性别组成，我们种群的未来依靠于良好的两性关系。

我们发现，如果一个人将生活的意义定义成为他人和社会谋福祉，他所做的一切都会以他人的利益为导向。在解决爱情和婚姻问题时，他也不会危害他人的幸福。当然，他或许并没有意识到自己采用这种方式来解决问题。如果你询问他这样做的原因，他可能没办法清楚描述自己的目的。但是，但他们会自发地追求人类的幸福和进步，而且这一兴趣会体现在他们的所有行动中。

有些人不怎么关心人类幸福如何。在他们的人生观中，他们从来不会问“我能为他人做什么贡献”，也从来不会问“我怎样才能成为集体的一分子”。他们只会问：“我从中可以得到什么好处？其他人对我足够关注吗？我得到应得的感激了吗？”一个人如果秉持这样的人生态度，那么他对待爱情和婚姻也势必如此。他总是会暗想：“我能从中得到什么？”

有些心理学家认为爱情纯粹是人的一种本能反应，可事实并非如此。性是原始驱动力或本能，但爱情和婚姻 远远不只是为了满足这一驱动。无论从哪个角度而言，伴随着社会的发展，人类逐渐摒弃了一些粗俗的欲望和爱好，人类的冲动和本能变得文明而优雅。比如，我们学会了如何避免彼此冒犯。我们还学会让自己整洁体面，即使饥肠辘辘也不会纯粹地寻求饱腹，我们在吃上有了精致的品位和礼节。人们适应了社会共同文明，这种文明反映出人们为大众利益和社会生活所做的努力。

如果把这种认知用到爱情和婚姻问题上，我们便会发现，它涉及大众利益和人类兴趣等问题。在解决爱情和婚姻问题时，如果只考虑某一个方面，不管是补救、改变，或是出台新的规章制度都没有用。或许在不断改进的过程中，我们能够找到解决爱情和婚姻问题的更好答案，即便如此，我们也要考虑到一个事实：生活在这个星球上的人类是由男女两种性别的人组成的，并且他们必须展开合作才能更好地生存下来。只要我们的解答能够考虑到这些条件，其中包含的真理就将永远屹立。

我们研究爱情和婚姻问题时，第一个发现是，这是一项需要两个个体共同完成的任务。而且对于多数人而言，这是一份崭新的工作。在结婚之前，我们已经学会了自强自立和团结互助。但相对而言，我们还是比较缺少这种两个人合作的经验。因此，在崭新的婚姻生活中，夫妻双方定然会面对一些新问题。如果两个人都对自己的同伴感兴趣，这个问题并不难解决，因为他们更容易对彼此产生兴趣。

我们可以这样认为，处于婚姻中的男女，两个人之间要充分合作，每一个都必须关心对方甚于关心自己。唯有如此，我们才能拥有和谐幸福的婚姻生活，也才能明晰自身在婚姻中存在的错误。如果婚姻中的男女爱对方胜于爱自己，那他们两个人就是平等的。如果能做到如此亲密而双向的热爱与奉献，没人会觉得自己被压制、被埋没。但要明确的是，夫妻双方都秉持这样的态度，才能够实现婚姻中双方的真正平等。我们努力付出了，对方才会有安全感，觉得自己有价值，觉得自己被需要。再者，婚姻幸福的基本前提是，你是有价值的，是无可替代的；你是为伴侣所需要的，你所做的事情是正确的；你既是对方的好伴侣，也是他（她）的真朋友。这虽然只是一种感觉，却需要用实际行动来证明。

处于婚姻合作关系中的男女双方，是不可能让一方接受从属位置的。婚姻中的两人，如果一方控制欲很强，总是想强迫或支配另一方，那么两个人就没有什么幸福可言了。现下很多男人，甚至很多女人都认为男性就该居于统治和主宰地位，扮演领袖角色，成为主人。这是很多人婚姻生活不幸福的原因。因为没有人会毫无怨言地屈居他人之下。所以夫妻双方只有拥有平等的地位，才能够共同克服生活中的难题。比如，他们会在生儿育女的问题上达成一致。如果他们不想要孩子，那么就无法延续生命。在子女教育问题上，他们也需要达成共识才行。在婚姻出现问题时会去努力解决，因为他们知道，不幸的婚姻会给他们的子女带来磨难，对子女的成长没有益处。

婚前准备

当今时代，做好婚前合作准备的人并不多。我们的教育总是过度关注个人成功，关注生活能为我们带来什么，却很少思考我们能带给生活什么。当两个人以婚姻所要求的亲密关系生活在一起时，任何合作上的失败，以及在关心对方上的失败，都会带来严重的后果。对于绝大多数而言，他们是首次接触到这种合作，并不能马上从对方的兴趣、理想、目标等方面着想，也尚未做好共同迎接生活难题的准备。其实这可以解释我们身边的许多错误，现在我们更应该来审视事实，学习将来如何避免错误。

生活方式和父母的婚姻态度

如果没有经过训练，我们就很难游刃有余地应对成人生活中的危机，因为我们应对危机的举措始终和我们的生活方式相适应。

为婚姻而做的准备不可能一夜之间完成。通过观察一个孩子的言行举止、思想态度，可以看出他们是怎样自我训练来适应成年状态的。一般来说，孩子在五六岁时就形成了关于爱情态度的初步认识。但这并不是说孩子已经有了性需求，而是他们意识到爱情是人类生活的一部分了。他们身边本来就有爱情、婚姻的存在，他们开始据此构建关于自己未来的概念，并对爱情和婚姻有些许了解，且形成了自己的看法。

当孩子在很小的时候就喜欢异性而且有喜欢的对象时，我们切不可将其斥之为错误、胡闹，或是性早熟，也不该对之嘲弄或是开玩笑。我们应该认识到，孩子的这种行为其实是做好爱情和婚姻准备的重要一步。我们非但不能忽视这样的事，而且要给予孩子以正确的引导，使孩子认识到婚姻是神圣的，是全人类都参与的工作，而他长大后也会参与这项工作，他应该做好迎接这项工作的准备。这样，我们便可以在儿童的心中埋下种子，让他们在以后的人生中可以顺利地与亲密关系中的伴侣和朋友彼此沟通。研究表明，受到过这种引导的孩子，即便他们父母的婚姻生活不怎么幸福，他们也能拥有和谐完美的婚姻。

如果父母的婚姻生活是幸福和谐的，孩子往往能做好对婚姻的准备。这是因为孩子早期关于婚姻的认识是从父母那里得到的。大部分生活失败者都是在破裂家庭或是不幸家庭中成长的孩子，这一观点是不足为奇的。如果父母都不能合作，那还怎么将合作精神传递给孩子呢？要考察一个人是否适合结婚，最常见的方法是观察他所处的成长环境以及他对父母、兄弟姐妹的态度。

最重要的是，孩子对爱情和婚姻的知识究竟来自何处。在这点上，我们必须持严肃谨慎的态度。我们知道，一个人的思想并不是由环境所决定的，而是由他对环境的解读所决定的。由此可见，个体对环境的分析十分重要。在和父母生活的日子里，他或许并不幸福，也经历了很多挫折，但这只会激励他们在自己的家庭生活中做得更好，他们也许会迫不及待地为自己的婚姻做好准备。我们不能因为成长环境而全面地肯定一个人或否定一个人。

友谊与工作的重要性

友谊是培养孩子社会责任感的一种方法。在和其他人交往的过程中，孩子学会了如何与人沟通，也学会了换位思考。如果儿童常常受到打击，或一直被看管和保护，抑或是没有监护人而孤孤单单地长大，他们很可能没有朋友和伙伴，也难以为他人考虑。他觉得自己才是这个世界上最重要的人，并焦急地想要保全自己的幸福。

建立友谊也是为婚姻所做的一种准备。如果孩子们玩的游戏能够培养合作精神，那将给孩子们带来很多益处。但我们发现，儿童的游戏中存在着太多的竞争和争强好胜。如果有意营造一种环境，让两个孩子一起做功课、一起读书、一起玩耍、也是非常有价值的。我觉得，我们也不能低估了舞蹈的作用。舞蹈这一娱乐活动是由两个人共同参与的，让孩子参加舞蹈培训是大有好处的。当然，我所说的舞蹈不是当今那种很多人一起跳的、倾向于表演性质的舞蹈。如果条件允许的话，我们可以教给孩子一些简单的舞步，这会对他们的成长大有裨益。

另一件有助于做好婚姻准备的事情就是工作。当今时代，人们常常把工作问题置于婚恋问题之前。婚姻中的一方或者双方，必须先有工作，然后才能谋生、养家。这表明，良好的婚姻准备也包括良好的工作准备。

性教育

我绝不鼓励父母过早向孩子解释超出他们求知欲望的性生理知识。孩子关于婚姻的看法是很重要的，如果教导不当的话，他们很可能会认为这些问题是危险的，或是与他们毫无关联的。根据我的经验，那些过早接触到性知识或性早熟的孩子，在往后的生活中总是对爱情更为恐惧。身体方面的吸引对于他们而言也是异常危险的事情。如果孩子在长大后才有性体验，那他们就不会感到恐惧了，也能够更为恰当地处理男女关系问题。

关键在于不要对孩子撒谎，不要回避他们的问题，这才是我们帮助孩子的秘诀。我们应该知道孩子提问题的目的是什么，并用孩子能理解的方式解答他们所提出的问题。因为凭空捏造问题答案对孩子的危害是更大的。这一问题和人生中的所有其他问题一样，最好让孩子学会独立思考，凭借自己的认知能力来了解想要知道的东西。如果孩子和父母关系和谐，那他是不会受这方面问题的困扰的。

有些人存在这样的顾虑，他们普遍迷信同龄伙伴的解释会对儿童造成误导。但是我们发现，在其他方面表现优秀的孩子是不会偏偏在这方面受到伤害的。因为，儿童并不会听信同学所说的一切。他们中的大部分都很有分辨力。他们一般都具有鉴别能力，如果他们实在不知道别人说的是真是假，那他们可以去询问父母或哥哥姐姐。但我不得不承认的是，孩子对这方面的事情常常比他们的长辈更为敏感和谨慎，而且往往不好意思发问。

选择配偶的影响因素

成人在性欲方面的反应及最初的性吸引均来自童年时得来的知识。孩子对异性产生好感或博得异性好感，都是从身体吸引开始的。如果一个男孩子从他母亲、姐妹或者其他女孩子那里得到了好印象，那么这种印象在日后会影响到他对有生理吸引力的对象的选择。有时，孩子还会受艺术作品的影响，因为每个人都会受自己审美观念的驱使。所以，广义而言，他们在以后的生活里不再拥有自由选择，而是会受到某种思想的束缚，并且朝着这个方向去选择配偶。

但这种审美追求并不是毫无意义的。我们的审美观通常都建立在人类对健康和进步的渴望上，所以我们也致力于成为这样的人。在我们眼中，美好的事物是永恒的，而且是对人类有价值的。我们希望自己的孩子朝着审美方向发展，美对我们的吸引从不止歇。

现实生活中，如果男孩和母亲相处得不好，或者女孩和父亲相处得不好（有时，父母婚姻生活不和谐，也常常发生这种现象），他们日后也许会找一个与母亲或是父亲完全相反的人作为配偶。例如，一个男孩经常受到母亲斥责和打骂，而他偏偏是个性格软弱的人，因为害怕被别人控制，他往往对那些盛气凌人的女人没什么好感。这容易导致他陷入误区，长大后他也许就只有在那些看起来没那么盛气凌人的人身上，才能感受到性吸引力，但我们无法保障这种不平等的婚姻能幸福长久。如果他想证明自己是个强势的人，就很有可能会选择一个看似强势的女人，然后向这个女人施压，以便彰显自己的“男子汉气概”。如果一个男孩从小就和母亲关系淡漠，那他在长大后，在爱情和婚姻方面可能会受到阻碍，对异性的生理反应也会大大降低。如果这种消极影响过了头，会让他完全排斥异性。

婚姻中的合作之道

婚姻中，最糟糕的情况是一方只顾及自己的利益。如果一个人在这种培养下长大，就会始终盘算着能从生活中得到什么快乐或刺激，而不想受到婚姻制约，更不会顾及对方生活得是否快乐和舒心。这是一种灾难性的做法，就好比缘木求鱼，终究会将婚姻葬送在自己手里。

所以，要树立对爱情的正确态度，我们不能一味地贪图安逸享乐，也不能逃避责任。如果婚姻中掺杂了猜忌和犹豫的成分，那么双方的婚姻关系就不牢固了。处于婚姻中的两个人，合作要求的是终生的承诺，如果没有任何承诺，不能算作真正的婚姻。我们这里所说的承诺不光有关爱情的誓言，还包括养育子女的决心。我们要教育子女，教会他们如何与人合作，尽全力让他们成为社会的有用之材，并成为一个讲平等、负责任的合格公民。我们应该谨记的是，婚姻幸福是养育下一代的最好方式。其实，婚姻同样是一项工作，我们同样有法则可循。如果我们不遵守这些法则或只遵守其中的一部分，必然会损害永恒的合作之道。

如果我们限定了婚姻期限或者进行试婚，也不可能在爱情中达成真正亲密和赤诚的关系。如果婚姻中的男女双方都给自己留条后路，也就不会全身心地投入到责任中去。并不是所有事情都有路可逃，婚姻就是这样。那些处于婚姻中却存有私心的人，抑或是早已经想好退路的人，他们难免会误入歧途。他们所提议的替代形式会损害即将踏入婚姻门槛的伴侣的努力，难免会使配偶感到心灰意冷。在失望之余，配偶或许会成全他们的想法，不再履行当初的誓言，最终两人分道扬镳。

我们的社会生活中，总会存在着这样那样的问题，这些问题也会影响到我们的婚姻生活，致使我们的婚姻矛盾重重。人们有心解决这些问题，却总是无可奈何。然而，我觉得应该被废除的不是爱情和婚姻，而是社会问题。我们知道，亲密的伴侣必须遵守的法则有：忠诚、坦率、可靠、坦诚以待、大公无私……

常见的逃避行为

如果一个人疑心太重，整天疑神疑鬼的，那他显然还没有为婚姻做好准备。因为如果婚姻中的双方都想保有自己的自由，那他们就不可能形成真诚的婚姻关系。走进婚姻的殿堂后，我们不能随心所欲地改变方向。而是要和对方保持合作，共同生活。我想列举一个案例来说明，一个独断专行的人既违背了婚姻基本法则，又对夫妻双方造成了伤害。

案例中，他们都是有知识有教养的人，可是他们的婚姻并不幸福，最终以离婚收场。后来，他们又各自找到了新的伴侣，也都衷心希望这次的婚姻比上次幸福。两个人一直努力做到这一点，却没意识到自身对社会兴趣的缺乏，他们想过自由的婚姻生活，不想受婚姻束缚，所以他们夫妻两人约定：双方拥有足够的自由，可以随心所欲，但要彼此信任，不能有所隐瞒。

丈夫似乎比妻子更大胆。他每次回家，都会跟妻子大讲特讲自己在外边的行为。而妻子似乎也非常乐意听，并为丈夫的成功骄傲。她也想出去和别人调情，或者搞些暧昧的事情，可她还没开始自己的计划，就患上了公共场所恐惧症。从此，她不敢再独自出门了，被神经官能症困在家中。因为只要她一出家门，就会感到浑身不自在，不得不退回来。因为公共场所恐惧症的存在，她出轨的想法泡汤了，可事情还远远没有结束。

因为她不敢单独出门，所以丈夫也被迫留在她身边。可以看出，这打破了他们此前的婚姻约定，丈夫无法再当自由主义者，只能陪着妻子，而妻子因为患病不能随便出门，也失去了应有的自由。如果要治愈这个女人，就要让她对婚姻有更正确的认知，而丈夫也必须要将婚姻看成一种合作的伴侣关系。

有些错误也是开始于婚姻的起始阶段。那些在家里被宠坏了的孩子常常觉得自己婚后被忽视了，他们也不知道该怎么调整自我，以便适应家庭生活。被宠坏的孩子常常是婚姻中的领导者或者暴君，而另外一方则感到成了身陷樊笼的牺牲品，于是开始反抗对方。如果夫妻双方都是被宠坏的孩子，那就会发生很多更离谱的事情了。因为他们两个人都想得到关注，可又无法得到满足。接下来会发生什么事情呢？他们就会想办法脱身，于是开始在外边寻找欣赏者，婚姻也就变了味道。

有些人对爱情不专一，他们想要同时爱着两个人。这样他才感觉到自己是自由的，他可以在两段爱情里摇摆不定，不想承担什么爱情责任。两个都爱，等于谁都不爱。

还有些人，他们总是沉浸在自己想象的爱情之中。那样的爱情是浪漫的、令人感动的而又充满激情的。从此沉浸在自己的感情中，而不是去寻找现实的伴侣。事实上，如果一个人沉溺于浪漫爱情的幻想中，可以有效地排除所有候选人，因为在现实生活中，没有人能符合他们理想恋人的标准。

有许多男女，更多的是女人，因为成长过程中所犯下的一些错误，他们会压抑自己的本能，不去治疗的话，就会连在生理上也无法营造成功的婚姻。就如前文所说的，有些女孩因为仰慕男性而出现了“男性化倾向”。如果一个孩子怀疑自己的性别角色，那他就会失去安全感。只要人们普遍认为男人在社会中占据统治地位，那不管是男孩还是女孩，都会觉得男性令人钦羡。他们怀疑自己是否有能力扮演好男性角色，便更加强调男性化的重要性，并竭力将这种情绪外化。

我们经常遇到那种不满自己性别角色的孩子。这也许是所有女性性冷淡或男性阳痿的根源所在。在这种情形下，他们通过身体表现来表示自己对爱情和婚姻的抗拒。除非他们真正认为男女是平等的，否则这些问题都很难避免。这个世界上，大约有一半的人不满于自己的性别，并总是能找到足够理由，这种不满会成为美满婚姻的巨大障碍。为了扫清婚姻幸福的障碍，有必要教导孩子其实男女是平等的，并消除孩子关于自身性别的顾虑。

我深信，婚前不发生性关系有利于人们获得甜蜜而忠诚的爱情和婚姻。因为在潜意识中，很多男人都介意自己的爱人婚前不是处女这件事。有时还将此视为水性杨花的象征，并因此而感到愤怒。对于有婚前性行为的女性而言，他们承受着比男性更大的心理压力。如果婚姻给人带来的不是勇气，而是莫大的恐惧的话，那将会给婚姻带来很多麻烦。可众所周知的是，出于恐惧而不是勇气缔结的婚姻同样是严重的错误。如果男女怀着恐惧的心理选择伴侣，那他们展开的合作也未必是自愿的。对于那些地位或教育程度远远不如自己伴侣的人而言，情况也是一样的。他们惧怕爱情和婚姻，只想构筑一种能让伴侣抬头仰视自己的关系。

维护婚姻幸福

人们能够轻易看出，我们每个人都对异性怀有自己的态度，也拥有接触异性的能力。每一个人都有自己独有的接触异性的方式，其中就包括他们的求爱方式。但是，个体的行为方式是和他们的生活方式相一致的。通过观察一个人恋爱时的言谈举止，我们能看出他是否自信而且乐于合作，看出他是以自我为中心，还是会临阵脱逃。他经常问自己：“他们会怎么想我呢？我会给别人留下什么印象呢？”

男女相处时，也许会谨小慎微，也许会激情洋溢，可无论他们采取的是什么样的行为方式，他的恋爱行为都是由他的目的和生活方式所造就的。我们不能根据一个人求爱时的表现去断定他是否适合结婚，因为在他面前的是一个表达爱意的对象。如果换作其他场合，他却可能犹豫不决。但无论如何，我们仍然能从中了解到这个人的性格特征。

人们普遍认为，通常都是由男性首先表达出兴趣。只要这种男人主动示爱的传统还在，那男孩子就应该主动一点，毫不犹豫地做男人该做的事情，绝对不能退缩。只要他们感到自己是整个社会的一分子，而且知道自己的优势和劣势，就应该具有主动示爱的素质。当然，也有女人主动示爱的情形。只是在西方人的观念里，她们也许只得表现得更为保守，但她们可以通过言行举止含蓄地表达自己的态度。综上所述，我们可以这样认为，男人示爱往往主动直白，女人示爱往往委婉含蓄。

夫妻生活

对配偶的性吸引力必不可少，这是和人类的幸福和发展有关的。彼此感兴趣的夫妻，性吸引力是不会消减的。这个问题一旦出现，那只能说明他们对对方的兴趣减少了，变得不再如原来那般信任、和谐，他们的性生活也不再妙不可言。或许，人们会觉得彼此间的关心还在，只是生理上的吸引已经退潮。我们不得不说，这种说法不正确。人们有时会言行不一，貌合神离，可他们的身体不会说谎。失去了身体上的依恋，那夫妻双方就很可能没有共同语言了。这说明，夫妻双方对婚姻失去了兴趣，至少其中一方已经不再愿意面对爱情和婚姻的职责，想要另寻出路。

和其他动物的发情期不同，人的性欲是持续性的。从某个层面讲，这也是另一种保证人类幸福和繁衍的方式，人类靠这一方式扩大种群人数，以此来保障自身的幸福并繁衍不息。而其他动物，它们采用其他方式来确保生存下去。比如，我们发现许多种类的雌性动物产下很多蛋或卵，虽然很多蛋或卵孵化之前就遭到了破坏，可仍然会有一部分会存活下来，孵化成了幼雏。

对于人类而言，生儿育女也是一种人类保全自己的方式。所以，我们发现，在面对爱情和婚姻问题时，那些发自内心关心人类幸福和发展的人是最有可能去生育孩子的，而那些对自己的同类都没有兴趣的人则拒绝挑起繁衍后代的担子。那些一味地索取而不愿意付出的人是不会喜欢孩子的。因为在那些人看来，他自己才是最重要的，孩子不过是负担或累赘，将时间和精力放在养育孩子上面，还不如将时间用在自己身上呢。所以，要想解决爱情和婚姻的问题，生儿育女必不可少。据我们所知，和谐的婚姻是抚育下一代的最好方法，而抚育下一代应该是每桩婚姻中的一部分。

一夫一妻制，艰苦与现实

在现实生活中，解决爱情和婚姻问题的方案是一夫一妻制。处于这种婚姻制度下的男女双方，需要互助互爱、共同合作。每个想要维系这种亲密和忠诚关系的人，都无法撼动这一关系的基石去寻求解脱。我们知道，确实存在婚姻破裂的可能性，而且我们都无法完全逃避这一点。但如果我们把爱情和婚姻视为一种责任的话，或许就能更好地避免遗憾。所以，当婚姻出现问题时，我们要尽快想办法解决，以此来降低婚姻破裂的可能性。

通常来说，婚姻破裂是因为夫妻双方没有完全尽到自己应尽的义务。他们想要美满幸福的婚姻，可又不努力经营婚姻。如果只是等着天上掉馅饼，以这样的态度面对问题，失败在所难免。把婚姻想象成天堂一样美好是错误的，将婚姻看成爱情的坟墓也是错误的。当两个人步入婚姻的殿堂，他们的各种关系才刚刚开始。在婚姻面前，他们将要面对生活的责任，还有为社会而创造的真正机会。

当代社会，还流行着另外一种说法，认为婚姻是一种生活方式的终结或者是另一种新生活的开始。就像小说所描写的那样，都是以新婚男女缔结良缘为结局。事实上，他们的婚姻生活才刚刚开始。然而，小说中描写的情况似乎是一结婚就万事大吉了，仿佛夫妻两人已经笑到了最后，从此就能幸福地生活在一起。需要认识到的另一个重要事实是，爱情本身并不能解决所有问题。爱情多种多样，可真正能解决婚姻问题的是夫妻要有共同的兴趣爱好，要懂得互助互爱、相互合作。

婚姻关系不是神秘莫测的，因为每个人的婚姻态度已经从他们的生活态度中反映出来了。所以，只有在了解了整个人之后才能了解他的态度，这和他的人生目标是一致的。比如，我们能明确指出那些被宠坏的孩子对婚姻所持的态度，和他们遇到问题总是千方百计逃避一样，他们对此同样会选择逃避。这种人可能会成为社会的威胁，即便已经成年了，他们的生活方式还是保持在四五岁时的状态。

“我能得到我想要的东西吗？”他们常常会这样发问。如果他们没有办法得到自己想要的东西，他们就会认为生活漫无目的，很是乏味无趣。他们会想：“我连自己想要的东西都得不到，那我活着还有什么意思？”他们会变得消极悲观，甚至产生自杀念头，他们会变得神经兮兮、疑神疑鬼的。他们还会从自己错误的生活方式中构建出一整套社会理论，并认为这种处事方法是绝无仅有的，而且无人能及。

在他们看来，压抑自己的欲望或情感会给自己带来麻烦。他们就是在这种思想的熏陶下长大的。他们曾经生活在想要什么都能得到的黄金时代，想要什么就能得到什么，想怎样就能怎样。或许，他们中仍然有人认为只要自己再哭闹下去，强烈地反抗，或者再坚持下去，就会有人妥协，就会得到自己想要的东西。他们不顾及社会公共利益，只会关心自己的利益。

导致的结果只能是，他们不愿意做出一丝一毫的奉献，总是希望有人给他们递上一切，甚至变得贪得无厌。对他们而言，如果婚姻也是一种不满意就可以退货的商品的话，从婚姻的初始，他们就要求自由和随意不忠的权利。他们尝试各种感情的接触方式，同居、试婚、结婚、离婚，他们不想受婚姻束缚，他们想要的只是某段爱情而已，得到了便会轻易抛弃，转身寻找新的恋情。如果一个人真的关心另外一个人，那么他们会具备以下几个特征：忠诚可靠、值得信赖、有责任感。我认为，一个人的婚姻和爱情如果不能做到这些要求，那么说明他在人生第三大问题上失败了。

关心孩子是婚姻幸福的一个必要条件。如果两人的婚姻不是建立在忠诚信赖的基础上，那么抚养孩子会面临巨大的困难。如果父母总是争吵不断，对婚姻根本不负责任，不积极解决婚姻中出现的问题，没有将维系婚姻看成一个长期的过程，不认为婚姻中的所有问题都是可以解决的，那么这样的家庭对于孩子而言，在孩子的社会性培养上将非常不利。

解决婚姻问题

有些人无法生活在一起，这可能是由很多原因造成的。但不管如何，也许分开可能会更好一些。但是，谁又能评判呢？是由那个对婚姻不负责任的人来做决定吗？是由那个只考虑自己利益的人来决定吗？他们看待结婚和看待离婚的态度没什么不同，他们所想的终究会是“我能从中得到什么好处”，显然是不适合由这样的人做决定的。

我们经常发现，那些多次结婚的人，他们总是在不断重复自己的错误。那么，评判权该交给谁？我们认为，如果一段婚姻出了问题，那么最好由心理学家来决定这段婚姻是否已经破裂了。当然，在奥地利，这是一件很难办到的事。

我不知道在美国是不是如此，但我发现，欧洲的心理学家认为个人幸福才是最重要的。如果有人来向他们咨询这类问题，他们通常会建议他去找个情人，认为这样就能解决问题了。我相信，他们早晚会否定自己当前的这种做法。提这种建议的人不能将爱情和婚姻问题作为一个整体看待，没有领悟到这个问题是和其他问题息息相关的。我一直提醒大家要重视这种整体关系。

那些把婚姻问题当成个人问题来解决的人，同样会犯类似的问题。在这里，我不讨论美国的情况，但据我所知，在欧洲，如果一个男孩或女孩有精神病倾向，那些心理学家通常会建议他去找个情人或是发生两性关系。他们也会给成人提出类似的建议。因为，这样做其实将爱情和婚姻贬损成了一种特效药，可不管谁服下了，都是有害无益的，会使患者更加迷茫，不知该何去何从。

妥善解决爱情和婚姻问题需要最大限度地实现完整的人格。爱情和婚姻问题是和个体的幸福紧密相连的，绝非儿戏，更不是拯救犯罪嫌疑人、酗酒者和精神病患者的灵丹妙药。比如，神经官能症患者需要经过妥善治疗才能适合恋爱和婚姻。如果他们在没有康复前就草率结婚，一定会面临很多新的问题和不幸。婚姻是一项崇高而伟大的事业，维持婚姻需要付出努力和智慧，唯有如此才能挑起这样的额外重担。

有些人怀着不正当的目的走进了婚姻的殿堂。比如，有的人是为了贪图钱财，有的人是为了还人情，有的人是为了给自己找个奴仆。这些是与婚姻神圣的意义相悖的。我甚至听说有些地方的人会为了磨砺自己而结婚。比如，一个年轻人在学业或事业上遇到了困难，他觉得自己可能会失败，于是就选择了结婚，然后说自己受婚姻羁绊，所以才导致他学业上或事业上的失败。

婚姻与男女平等

我们不应该高估或低估爱情问题的重要性，而是需要将它放在更重要的位置来看。我见过的婚姻破裂案件中，受到伤害的往往是女人。毫无疑问，在我们的意识里，常常认为男性所受的约束要比女性少得多。实际上，这是社会错误地对待婚姻造成的结果。我们根本无法通过个人力量改变这种错误思想的影响。尤其是处于婚姻中的两个人，任何一方反抗都会影响婚姻的幸福感。要想改变现状，就需要我们改变自身的观念。

底特律的拉西教授是我的一个学生，他做过一个调查，调查结果显示有 42% 的受访女性认为希望自己是男性，这意味着她们对自己的性别不满。如果有超过一半的女人对自己性别不满，并且认为自己的地位不如男性地位高，又怎么可能解决爱情和婚姻问题呢？如果女性总认为自己的地位不如男人，如果女性一直认为自己是男性发泄性欲的工具，或者认为男性在本性上就是不忠诚的，那这个问题能轻易解决吗？

综上所述，可以得出一个简单明了且很有用的结论：人类并不是天生就是一夫多妻制或者一夫一妻制的。我们共同生活在一个星球上，看似人人平等，但还是被划分成为两种性别。我们已经讲过，每个人都面临人生中的三大问题，都要解决好这三大问题。可唯有一夫一妻制才是处理爱情和婚姻问题的最佳解决方式。